JN107461

徹底排除！
組織に潜む弱点・欠点・形骸化

診断事例で学ぶ 経営に役立つQMSのつくり方

小林　久貴　著

日本規格協会

はじめに

ISO 9001の認証を取得しても，何もメリットがなく，ISO 9001認証審査のためだけの活動になっている組織が，残念ながら，数多く存在します．つまり，品質マネジメントシステム（QMS）の一部が「ムダ」となっているのです．「ムダ」とは，ISO 9001要求事項を形だけ満たして，組織の経営にまったく活かされない部分のことを言います．このような「ムダ」は，組織の有効なQMS運用の阻害要因となります．

筆者は，長年携わっているISO 9001認証審査，コンサルティング，研修講師を通じて，ほとんどのISO 9001認証組織において程度の差はあっても，この「ムダ」がQMSに潜んでいることを痛感しています．この「ムダ」は自分で気付くこともあれば，気付かないこともあります．

人間の病気と同じで，自分で気付いたときは，重い症状となってしまうので，気付かないうちに発見しなければなりません．そのためには，病気がひどくなる前に小さな症状を見逃さないようにしなければなりません．QMSにも健康診断が必要なのです．

本書では，組織の診断事例，すなわち，症状や診断結果，対応方法，予防策を示して，経営に役立つQMSのつくり方について具体的に解説します．

予防策では，QMSの維持・向上のために必要な考え方について言及し，『JIS Q 9002 品質マネジメントシステム―JIS Q 9001の適用に関する指針』や，この指針をベースに事例などを交えてわかりやすく解説した『2015年改訂対応 小規模事業者のためのISO 9001 何をなすべきか―ISO/TC 176からの助言』（日本規格協会）を中心に該当部分を紹介します．

本書は，3部構成となっていて，第Ⅰ部では，経営に役立つQMSについて，第Ⅱ部では，QMSの診断事例について解説します．第Ⅲ部では，QMS

の維持・向上のために必要な知識を得るための参考情報を紹介します．なお，第Ⅱ部の診断事例は，組織が特定できないように組織名を伏せ，業種も変えていますが，全て実話に基づいていますので，リアリティのある内容になっています．

本書を通じて，組織に潜む「ムダ」となっている部分を全て取り除き，経営に役立つ有効なQMSとなることを期待します．

最後に，本書の企画段階から校閲，編集と多くの支援をいただいた日本規格協会ソリューションズ株式会社の山田雅之さん，そして執筆にあたり，やる気と刺激を与えてくれた盟友 山本昌幸さんに感謝いたします．どうも，ありがとうございました．

2020年10月

QMS診断士　小林　久貴

目　　次

第Ⅰ部　経営に役立つQMSとは

1987年にISO 9001が初めて世に出ました．その後，1990年代前半からISO 9001認証制度発足により，ISO 9001認証組織が瞬く間に増えました．ISO 9001が規定する品質マネジメントシステム（QMS）に対する要求事項は，ものづくりやサービス提供を行っている組織にとって基礎的な内容であり，顧客満足の向上のための必要条件と言えるでしょう．

しかし，世界中で認証組織が増加している中で，ISO 9001認証の効果が疑問視されています．つまり，ISO 9001の要求事項を満たし，認証まで取得したのに思ったような効果が出ていないということです．

筆者も数多くの認証組織とお付き合いしましたが，ISO 9001認証を取得して，良い結果が得られたという組織は，本当にごくわずかです．ISO 9001認証制度には，認定機関，認証機関，要員認証機関，審査員など多くの人がかかわり，組織においても認証維持のために多くの人々がかかわっています．これだけの労力，コストをかけても思ったような効果が得られないとすると，なんともったいないことでしょう．これを世界レベルで行っているのですから，大変な損失です．

効果が上がっていないのは，認証制度にも一因があるかもしれません．認証制度自体は，円滑な経済活動にとって有益であり，顧客に安心感を与えるというメリットがあります．しかし，組織にとって認証そのものが目的となってしまうと，結果的に経営に役立たない「ムダ」となっている部分のある品質マネジメントシステムになってしまうのです．

第Ⅰ部では，経営に役立たない「ムダ」となっている部分をどのように洗い出していくか解説します．その「ムダ」を克服することで，経営に役立つQMSを目指します．

第1章 「ムダ」との闘い

「ムダ」とは，ISO 9001 要求事項を形だけ満たして，組織の経営にまったく活かされないことを言います．組織の**品質マネジメントシステムには経営に役立つことが求められている**のです．

なお本書では，「ムダ」の意味を無駄だけでなく，弱点，欠点，形骸化していることも含めています．

ここで，品質マネジメントシステムとは何かを復習してみましょう．品質マネジメントシステムとは，わかりやすく表現すると「より良い製品やサービスを提供するための組織の仕組み」と言えるでしょう．また，品質マネジメントシステムに関する基本的な考え方を示し，さらに用語について定義している国際規格として ISO 9000（JIS Q 9000）があります．その ISO 9000 でも品質マネジメントシステムを定義していて，「品質に関するマネジメントシステムの一部」となっています．

マネジメントシステムとは簡単に言うと，経営の仕組みですので，マネジメントシステムの一部ということは，**品質マネジメントシステムは経営の一部であり，一体化している**ことを意図しています．

イメージとすると**図 1.1** のようになります．

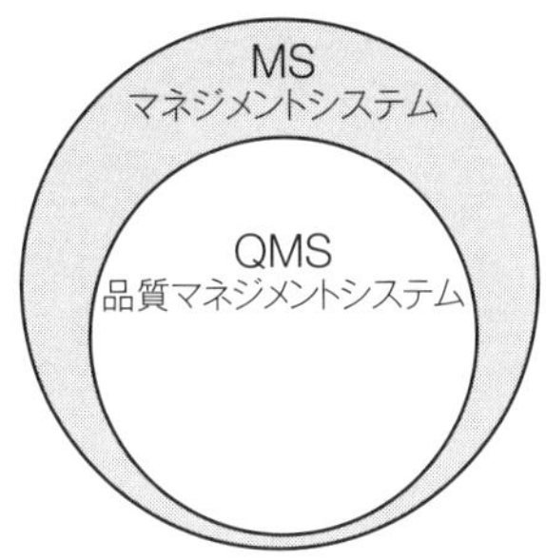

図 1.1　品質マネジメントシステムのイメージ

同図のように，経営の仕組みであるマネジメントシステムに品質マネジメントシステムがすっぽり収まっているのが本来の姿ということなります．経営と一体化して，はみ出ている部分がないということです．

しかし，実際はこうではなく，はみ出た部分が少なからずあるのです．このはみ出た部分が，経営にまったく役立たない品質マネジメントシステムの「ムダ」となっている部分ということなのです．そのイメージを**図 1.2** に示します．

このはみ出した「ムダ」となっている部分というのは，簡単に見つけることができます．例えばこう考えてください．あなたの会社が ISO 9001 の認証を取得しているとします．「今月末で ISO 9001 が廃止になり，それに伴い，認証制度も終了します」と認定機関から公表されたとします．そのときに，「ああよかった．もうあれもやめよう，これもやめよう」ということが出てきたら，それがはみ出した部分，つまり「ムダ」となっている部分であるということです．

「ああこれで，時間をかける割に何も得るものがない面倒な内部監査をしなくてもいいね」とか「意味がないのに，結構手間がかかる購買先の評価をしなくてもいいね」となったら，それはまさしく「ムダ」となっている部分と言えるでしょう．

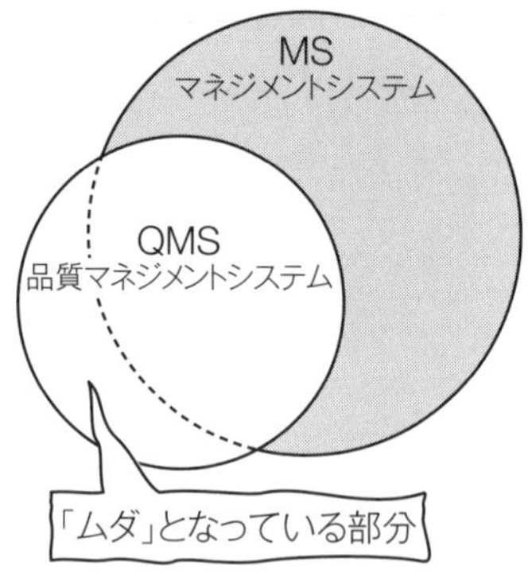

図 1.2　品質マネジメントシステムの「ムダ」となっている部分

この「ムダ」となっている部分が，品質マネジメントシステムに潜んでいることがあるのです．潜んでいると表現しているのは，「ムダ」があっても，すぐに問題が起こるわけではないからです．「ムダ」があっても ISO 9001 認証が維持できている限り，大きな問題が起こらないので気付かないのです．

ただ，本来目指しているのは，良い結果を得るための仕組みなので，このままでは良い結果は得られません．かと言って，悪い結果もすぐには現れないので，そのまま放置されることになります．しかし，**ずっと放っておくと，品質マネジメントシステムが機能せず，「ムダ」が「ムダ」を呼んで，経営にも悪影響を及ぼす**ことになります．それでも気付かないことがあるので，本当におそろしいことです．

「ムダ」は，組織に原因があるとは限りません．認証機関や審査員にも原因の一端はあるのです．筆者も ISO 9001 認証審査に携わっていますが，多くの審査員は，有効な品質マネジメントシステムとなるために，一生懸命審査に取り組んでいます．ただ，その悪意のない一生懸命さが仇となることがあるのです．実際に，このようなやり取りがありました．

審査員：この作業の手順書はありますか？

組織側：手順書は特にありません．やっぱり必要ですか？

審査員：手順書がなければ，人によって作業がばらつきますよね．手順書があれば教育にも活用できます．

組織側：それでは，手順書を作成します．……

【1 年後】

審査員：この作業の手順書はありますか？

組織側：昨年の審査で指摘されたので作成しました．これが手順書です．

審査員：この手順書で教育はされましたか？

組織側：今のメンバーは前から作業をしていたので，特にこの手順書で教育をしていません．

審査員：手順書を作成したのに教育をしなければ，手順書どおりに作業できるかどうかわかりませんよね．

組織側：それでは，あらためて教育をします．……

【さらに1年後】

審査員：手順書の教育記録を見せてください.

組織側：昨年の審査で指摘されたので，一応教育しました．これが記録です.

審査員：この教育が有効だったのかどうかは確認しましたか？

組織側：有効？　有効というのはどういう意味ですか？

審査員：教育した結果，メンバーの方がきちんと理解したのかどうかということです.

組織側：もともと，この作業は前からやっていたので，理解していると思いますけど.

審査員：理解しているという客観的証拠が必要です.

組織側：それでは，テストを作成します．……

こんなことが延々と続いているわけです．これでは，必要もないのにどんどん面倒なことが増えていくことになります．この話にはまだ続きがあって，さらに1年後の審査で，テスト結果を見た審査員が全員満点であったことに対して，テストの有効性を評価していないと指摘したのでした.

やはり，「ムダ」の原因の一端は，認証機関や審査員にあったのかもしれません.

第2章　なぜ「ムダ」となってしまうのか？

では，なぜ「ムダ」となってしまうのでしょうか．第1章では，認証制度に一因があると記しましたが，認証の取得，認証の維持が目的となってしまったからというのが大きな要因になっていると考えられます．

ところで，皆さんの会社では，品質マネジメントシステムを運用しているかと思いますが，その目的をご存知ですか？　筆者は，ISO 9001 認証を取得している，ある会社の経営者に聞いたことがあります．

「社長，ずいぶん長い間，品質マネジメントシステムを運用されていますが，そもそもどのような目的で品質マネジメントシステムを運用されているのですか？　御社の品質マネジメントシステムの目的を教えてください」と質問したのです．そうすると，社長は「えっ！」となって，固まってしまったのです．そこで，筆者は「品質マネジメントシステムの目的ですけど？」とさらに確認したところ，その社長は，少し考えた後に，「それは，ないよりはあったほうがよいから」と答えました．

しかし，それは，認証の目的であり，品質マネジメントシステムの目的ではありません．そして，社長にこう伝えました．「それは，認証の目的ですよね．そうではなくて品質マネジメントシステムの目的なのですが…」と言うと，社長は，「えっ？　認証以外に何か目的ってあるの？」と答えました．そうです．この社長は，品質マネジメントシステムの目的をもたないまま，認証取得を社員に指示し，取得後も関心を示さないまま，現在に至ったのです．

実は，**認証の前に，品質マネジメントシステムがあり，その品質マネジメントシステムには，目的がなければならない**のです．では，そもそも品質マネジメントシステムの目的には，どのようなものがあるのでしょうか．品質マネジメントシステムとは，定義上「品質に関するマネジメントシステムの一部」でした．それでは，品質とはどういう意味なのでしょうか．品質という言葉は，学生時代にはあまり使わなかったのですが，会社に入った途端よく使うようになります．特に製造業では，まず品質や品質管理の教育をすることが多いでしょう．

さて，その「品質」ですが，ISO 9000でもしっかり定義されています．品質とは，“対象に本来備わっている特性の集まりが，要求事項を満たす程度．”です．この定義から要求事項を満たすかどうかが品質の良し悪しを決めるのがわかります．要求事項を満たせば品質は良い，満たさなければ品質は悪いということになります．“対象”とは，ありとあらゆるコトやモノを表し，“本来備わっている”とは，後から加えられたものではないことを意味します．

例えば，骨董品の値段が非常に高い場合があります．これは本来の機能とは関係なく，希少という価値を後から加えられたことになります．英語の“quality”を日本語にするときに，コトには「品」を，モノには「質」をあてたといわれています．コトとはサービスなどを指し，言動や振る舞いも含まれます．

「品の良い話し方」というように使われている「品」をあてているのです．品質とは，品物の質という意味ではなく，品と質（コトとモノ）という意味なのです．

要求事項の意味は，いわゆる「ニーズや期待」のことで，組織を取り巻く様々な利害関係者のニーズや期待のことを言います．

利害関係者には，顧客，供給者，従業員，経営者，株主，社会，業界などがあり，その利害関係者のニーズや期待に応えることを組織は期待されており，そのための仕組みが品質マネジメントシステムということなのです．そのイメージを**図2.1**に示します．

したがって，品質マネジメントシステムの目的は，これらの利害関係者のニーズや期待に応えていくことを基本としなければならないのです．このように，様々なニーズや期待に応えることを目的とせず，ただ認証を取得すればよいという考えで，目的もなく，品質マネジメントシステムを構築，運用しても「ムダ」となっている部分が増えるばかりで，良い結果は得られないのは当然と言えば当然なのです．

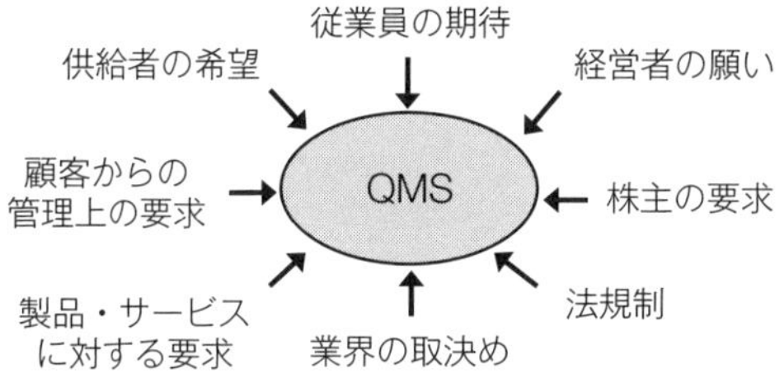

図 2.1　QMS に寄せられているニーズや期待

「ムダ」は，そもそも品質マネジメントシステムの目的がないことから発生しているのですが，それは品質マネジメントシステムの構築のやり方に問題があったのです．多くの組織では，このようなやり方で品質マネジメントシステムを構築したのではないでしょうか．つまり，

① ISO 9001 認証を取得することを決定する．

② ISO 9001 とのギャップを分析する．

③ 品質マネジメントシステムを構築する．

という順番だったのではないでしょうか．そして，この順番が通常だったのです．しかし，実は，

① 品質マネジメントシステムの目的を明確にしたうえで，目的達成のためのあるべき姿の品質マネジメントシステムを構築する．

② ISO 9001 とのギャップを分析する．

③ 品質マネジメントシステムを修正し，ISO 9001 認証を取得する．

というのが理想的な順番なのです．そのイメージを**図 2.2** に示します．

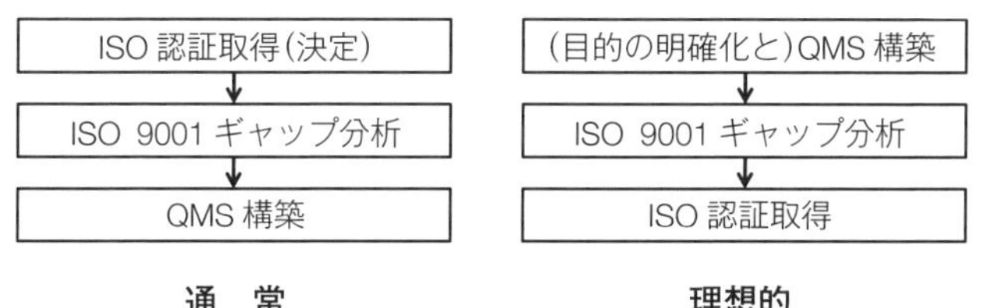

図 2.2　QMS 構築の理想的な順番

同図を見ると，通常の順番と理想的な順番とでは，順番がまったく逆であることがわかります．つまりスタートラインから違っていたのです．ここから「ムダ」となっている部分が増えることになってしまったのでしょう．

第 3 章 「ムダ」と向き合う

「ムダ」のおそろしさは理解していただけたかと思います．でも大切なのは，その「ムダ」をよく知り，きちんと対応し，克服することです．

まずは「ムダ」と向き合うことです．それには，品質マネジメントシステムに潜んでいる「ムダ」となっている部分を明らかにすることが必要です．

第 1 章でお伝えしたとおり，「ムダ」となっている部分の見つけ方は，「今月末で ISO 9001 が廃止になり，それに伴い認証制度も終了します」と認定機関から公表されたときに，「ああよかった．もうあれもやめよう，これもやめよう」ということが出てきたら，それが「ムダ」となっている部分であるということでした．

したがって，「**ISO 9001 で要求されなかったら，おそらくやっていないだろうなあ」という部分，つまり「ムダ」となっているルールや手順を洗い出す**ことから始めます．やっている意味がわからないルールや手順，やめたいルールや手順，変えたいルールや手順を洗い出すのです．

具体的なやり方としては，各プロセスや部署にアンケートをとるのもよいでしょう．中には本当に必要なことも含まれているかもしれませんが，まず数多く出すことが大切です．内部監査も活用できます．内部監査の目的に**「ムダ」となっている部分の洗い出し**を加えて，監査員が聞き出したり，見つけたりするのも良い方法です．

たまに，「ムダ」となっていると思っていても，「何年か前に，納入先であるお客様の監査があって，そこで指摘されたのでそのままやっている」ということがあったりします．でも，ここでお客様に言われたから，意味がないのにそのままやり続けることは大変「ムダ」なことです．お客様の指摘の意図を理解したうえで，より有効な方法にしたり，妥当性を確認したうえでやめたりすることを考えるとよいでしょう．

「ムダ」となっている部分を見つけるにあたって，注意すべきことがあります．本来は必要なのに，その意図を理解していないため「ムダ」となっていると判断してしまうことです．

例としては，製造現場である特性のデータをとっている場合で，このデータが活かされていないと「ムダ」となっていると判断し，データをとることをやめてしまうようなケースです．データを分析し，工程の安定状態や工程能力を把握することに活用し，改善の機会とすればよいのに，それができていないと「ムダ」となっていると判断してしまうのです．「ムダ」には違いないのですが，ここは正しくデータを活用するように修正していかなければなりません．この注意点を考慮しながら，「ムダ」となっている部分を洗い出していくのです．

それでは，具体的に，潜んでいる「ムダ」となっている部分を洗い出す方法について説明します．アンケートや内部監査などを活用したり，部署内でディスカッションをしたりして確認するのもよいでしょう．方法は簡単です．たった三つの質問をすればよいのです．

まず，先に説明したように，ISO 9001 や認証制度がなかったとしたら，その業務，仕事，ルール，手順，文書，記録など（以降「対象」と称します）を続けるかどうか確認します．一人で決めるのではなく，関係者が集まってディスカッションするとよいでしょう．

次に，その対象の目的は何かを確認します．その目的が確認できなければ，あらためて関係者で目的を再確認します．

そして，対象がその目的を満たしているかどうかを確認します．

質問項目を整理すると次のとおりです．

Q1：ISO 9001 や認証制度がなかったら，その対象を続けますか？

Q2：その対象の目的は明確になっていますか？

Q3：その対象の目的を満たしていますか？

これらの質問を使って進めていきます．その流れを**図 3.1** に示します．

同図に示すやり方で，組織に潜む「ムダ」となっている部分が洗い出されます．対象の見直しや継続的改善により，「ムダ」を克服し，経営に役立つQMSを目指しましょう．

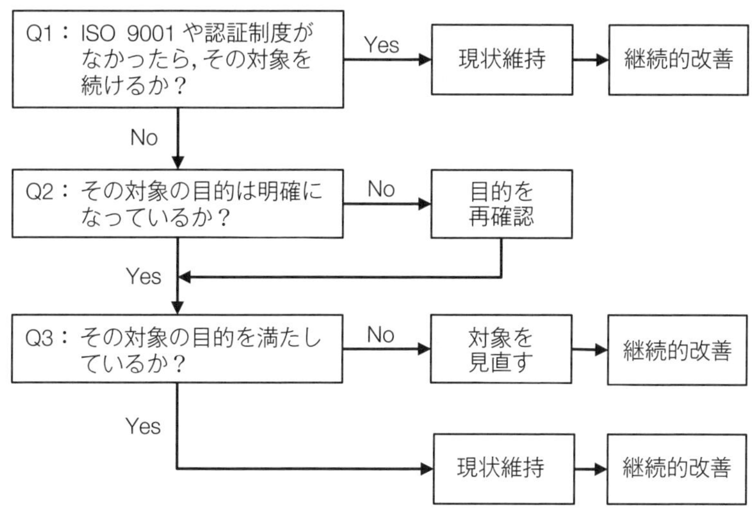

図 3.1 組織に潜む「ムダ」となっている部分の洗い出し方

第Ⅱ部　QMSの診断事例

第Ⅱ部では，洗い出され，優先的に取り組むべき「ムダ」となっている部分について，診断事例を通じて，その対応方法を紹介します．数多くの診断事例(65事例）を品質マネジメントシステムの要素（ISO 9001 要求事項の項目）ごとに整理して解説していきます．

品質マネジメントシステムは組織ごとで異なり，組織ごとに様々な要素がありますが，基本的な例として，ISO 9001 要求事項をベースとして，品質マネジメントシステムの要素とします．

ISO 9001 要求事項は，序文から始まって，箇条1から箇条10まであります．箇条1は適用範囲，箇条2は引用規格，箇条3は用語及び定義となっていて，要求事項は箇条4から箇条10となっています．

箇条4から箇条10のつながりについて，**図4.1** のISO 9001 要求事項の連関図を使って説明します．

“6 計画”の大きな枠は，QMS全体を表します．“8 運用”の枠は，製造業ではものづくり，サービス業ではサービス提供の部分と理解してください．顧客要求からものづくり・サービス提供までの流れとなります．

“6 計画”の大きな枠に矢印が向かっているのは，QMS全体に反映，あるいは影響するという意味で，箇条8の枠に矢印が向かっているのは，ものづくり・サービス提供に反映，あるいは影響するという意味です．実線の矢印は，ものづくり・サービス提供の直接的な流れを示し，破線の矢印は，間接的なかかわりを示しています．

例えば，“5 リーダーシップ”は，“6 計画”の大きな枠に矢印が向かっています．これは，QMS全体の運営に関して，リーダーシップを発揮しなければならないという意味で，さらに“8 運用”の枠にも向かっているのは，ものづくり・サービス提供に関してもリーダーシップを発揮しなければならないという意味です.

“9 パフォーマンス評価”については,“6 計画”の大きな枠と“8 運用”の枠とで,双方向の矢印が付いています.これは,QMS全体の運用状況のパフォーマンスについて,データを収集し,フィードバックするとういう意味と,ものづくり・サービス提供の運用状況のパフォーマンスについて,データを収集し,フィードバックするという意味があります.

さらに“10 改善”につながっているのは,“9 パフォーマンス評価”で,評価した結果に基づき,改善を実施するということを意味しています.

これらのISO 9001の箇条を使いながら,品質マネジメントシステムの要素ごとの診断事例を解説していきます.

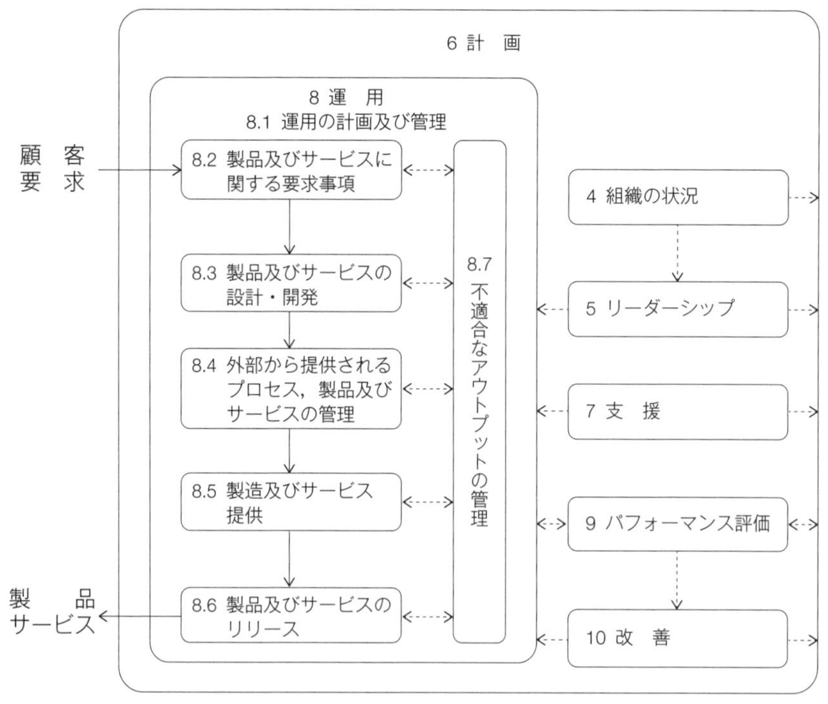

図 4.1 ISO 9001 要求事項の連関図

第 4 章　組織の状況の診断

組織の状況に潜む「ムダ」となっている部分について診断します．ここは，人間でいうと身体全体，つまり QMS 全体の前提条件となっており，基礎部分となります．その部分を**図 4.2** に示します．

基礎体力がしっかりしていないと健康に過ごせないように，品質マネジメントシステムにおいても大変重要な要素となります．

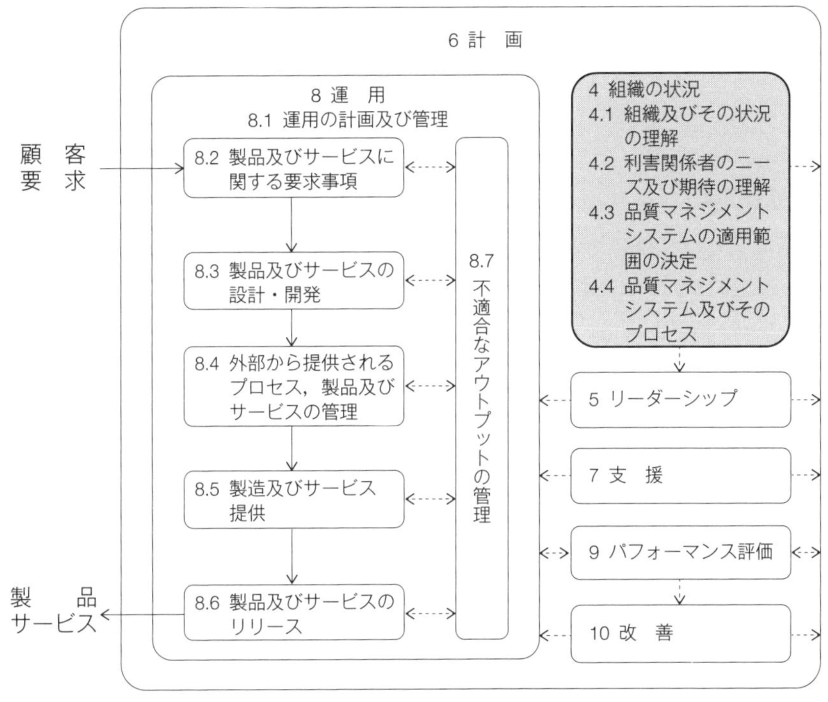

図 4.2　組織の状況の診断部分

診断事例１　組織及びその状況の理解（4.1）

▶症　状

A社は，金属熱処理業で，従業員数は150人ほどです．同じ工業団地の会社がほとんどISO 9001認証を取得していたことや，新規取引先から契約条件としてISO 9001認証を要求されたので，認証取得しました．

ISO事務局は，ISO 9001の4.1で要求されている内部，外部の課題の明確化の対応のため，「内部及び外部課題の一覧表」を作成しました．

「内部及び外部課題の一覧表」はISO 9001認証審査のときに審査員に見せますが，それ以外に使うことがないため，放置されています．実際に審査のときには，課題の内容が古くなっており，まったく役に立たない文書となっています．

▶診断結果

内部，外部の課題の明確化は確かにISO 9001要求事項となっていますが，個別の文書化までは要求していません．また，**経営との一体化の観点から，経営課題と別物となっている点が問題である**と診断します．

品質マネジメントシステムと経営との一体化は，ISO 9001でも意図されていますし，品質マネジメントシステムの用語の定義でも，経営との一体化が前提であることがわかります．経営は経営，品質マネジメントシステムは品質マネジメントシステムという考え方だと，ほとんどこのような症状が現れます．

また，A社の社長は，職人気質で，経営よりも現場が好きなタイプのせいか，経営方針や経営計画を策定していないことが確認できました．

▶対応方法

この際，経営方針，経営計画を策定しましょう．有効な方針管理の仕組みを導入することが効果的な対応となります．経営方針に，マネジメントシステムにかかわる内部，外部の課題を取り入れ，経営計画に明確にし，展開することとしましょう.

小規模な組織で，経営計画を展開するまでの必要性がない場合は，経営方針として，経営者が目指すあるべき姿を明らかにすればよいでしょう.

その経営方針を達成していくうえで，課題となることを会社全体で共有することが望まれます.

▶予防策

有効な方針管理の導入のためには，正しい知識が必要です．日本産業規格（JIS）でも方針管理の指針が制定されています.『JIS Q 9023:2018 マネジメントシステムのパフォーマンス改善―方針管理の指針』を参考にするとよいでしょう.

この指針では，方針管理の基本的な考え方，進め方に加え，方針管理に使用する具体的な様式まで記載されています.

『JIS Q 9002:2018 品質マネジメントシステム―JIS Q 9001 の適用に関する指針』の 4.1 では，経営戦略的なレベルで用いることができるツールとして，“強み・弱み・機会・脅威分析（SWOT），政治動向・経済動向・社会動向・技術動向・規制動向・環境動向分析（PESTLE）”を紹介しています.

診断事例 2　利害関係者のニーズ及び期待の理解（4.2）

▶症　状

B 社は，自動車部品を製造しており，二次供給者（Tier 2）です．従業員は 200 人ほどで，納入先の顧客から ISO 9001 認証を要求され，認証取得しました．

ISO 事務局は，ISO 9001 の 4.2 で要求されている利害関係者のニーズ及び期待の理解の対応として，「利害関係者のニーズ及び期待の一覧表」を作成しました．利害関係者を顧客とし，いつも顧客から強く要求されているので，コストダウンを利害関係者のニーズ及び期待と位置付け，一覧表に記載していました．

この一覧表は，ISO 9001 認証審査のときだけに使用されるもので，特に何か役立ってはいませんでした．

▶診断結果

密接に関連する利害関係者のニーズ及び期待の明確化は，確かに ISO 9001 要求事項となっていますが，個別の文書化までは要求していません．また，診断事例 1 と同様に，利害関係者のニーズ及び期待にかかわる経営課題と別物となっている点が問題であると診断します．

密接に関連する利害関係者は，顧客のみではなく，従業員，購買先や外部委託先なども含まれます．従業員がいるからこそ，購買先や外部委託先の協力があるからこそ，ものづくりやサービス提供ができるのです．さらに，経営者，株主など，組織を取り巻く利害関係者は多く，それらの利害関係者のニーズ及び期待に応える品質マネジメントシステムが求められるのです．

そもそも品質マネジメントシステムの目的の基本として，利害関係者のニーズ及び期待に応えていくことがあるのです．品質マネジメントシステムと経営との一体化ができていないと，このような症状が現れます．

一方，B 社の社長は，大手銀行の経営コンサルティング部門で 10 年間働いていました．その後，父親の経営する同社に入社し，数年後に社長に就任しました．銀行での経験から，社長就任当初から，経営方針を明確にし，経営計画を策定し，積極的に展開していることを確認しました．

▶対応方法

幸いB社では，経営方針が明確にされ，経営計画も策定されているので，経営方針に，品質マネジメントシステムにかかわる利害関係者のニーズ及び期待に応える内容を盛り込みます．そして，経営計画に明確化し，展開することとしましょう．

品質マネジメントシステムの目的の基本は，利害関係者のニーズ及び期待に応えることであるので，品質方針にも，利害関係者のニーズ及び期待に応えることの重要性を明記することが望まれます．

▶予防策

より有効な方針管理を展開するためにも正しい知識が必要です．診断事例1と同様に，『JIS Q 9023:2018 マネジメントシステムのパフォーマンス改善―方針管理の指針』を参考にするとよいでしょう．

『JIS Q 9002:2018 品質マネジメントシステム―JIS Q 9001の適用に関する指針』の4.2では，密接に関連すると組織がみなすことができる利害関係者の例を挙げています．

また，『JIS Q 9004:2018 品質マネジメント―組織の品質―持続的成功を達成するための指針』の4.1（組織の品質）の図2では，利害関係者とそのニーズ及び期待の例が示されています．

利害関係者の例として，“パートナ／供給者，社会，従業員，株主，顧客，…，その他”が挙げられ，これらに対応するニーズ及び期待の例については，それぞれ，“持続的パートナシップ，環境保護及び社会的責任，ワークライフの品質，持続的成長及び収益性，製品及びサービスの品質，…，分野又はその他の利害関係者に応じて”と示されています．

診断事例3 品質マネジメントシステムの適用範囲の決定（4.3）

▶症 状

C社は，スポーツ用品の設計，製造及び販売をしています．スポーツ用品の企画，設計は本社で行っており，製造は国内の工場及び海外の製造委託先で行っています．

国内の工場でISO 9001認証を取得しました．しかし，本社は認証範囲には含まれておらず，品質マネジメントシステムも工場のみで運用されています．

顧客からの製品に対するクレームは工場で対応しているものの，製品設計の悪さが起因となるクレームについては対応できないため，本社に連絡をするだけとなっており，その後の対応についても仕組みがないため，不十分な状況が続いています．

▶診断結果

品質マネジメントシステムの適用範囲が適切でないようです．ISO 9001でも適用範囲の決定は，外部及び内部の課題，密接に関連する利害関係者の要求事項，製品及びサービスを考慮することを求めています．

スポーツ用品においては，最終顧客であるユーザーは，設計においても安全で快適に使用できるスポーツ用品を求めているはずです．また，C社の製品には製造責任のみでなく，設計責任も問われます．本来必要な要素（この場合，製品設計という要素）が入っていないという不適切な品質マネジメントシステムの適用範囲となっています．

このように，本社で設計や調達を行っており，工場では製造するだけの機能にもかかわらず，工場だけで品質マネジメントシステムを完結させてしまっている例は少なからずあります．ISO 9001認証範囲は工場だけであったとしても，品質マネジメントシステムには必要な要素が全て含まれていなければなりません．

ここでも経営との一体化が重要で，**品質マネジメントシステムの適用範囲**

は，経営や事業の範囲と同じであることが望まれます．

▶対応方法

品質マネジメントシステムを適切な範囲にする以外に方法はありません．顧客要求から製品・サービスの提供までにかかわるプロセスは全て含む必要があります．

ここで注意が必要なのは，**ISO 9001 の認証範囲と品質マネジメントシステムの適用範囲とは異なることがある**ということです．例えば，品質マネジメントシステムは本社を含む全社で運用されているとしても，経済的な理由などから，工場だけで認証取得しているケースです．

ISO 9001 認証審査では，品質マネジメントシステムの境界を確認し，そのつながり（インタフェース）を審査することになります．ただし，公表される認証範囲は工場の要素だけになるので，「○○製品の設計及び製造」ではなく，「○○製品の製造」となります．

したがって，現状の ISO 9001 認証範囲を広げるかどうかは経営判断とすればよいですが，品質マネジメントシステムの適用範囲は，絶対に適切なものにしなければなりません．こういう場合，広げる対象となるプロセスや部門は必ず抵抗することになるので，経営責任者の理解と支援が必要になります．

▶予防策

この事例では，品質マネジメントシステムの要素にかかわる適用範囲について紹介しましたが，ISO 9001 要求事項の適用については，基本は，全て適用となります．その中で適用できない要求事項（箇条）については，理由を明確にして，適用不可能であることを表明すればよいです．

また，『JIS Q 9002:2018 品質マネジメントシステム―JIS Q 9001 の適用に関する指針』の 4.3 では，“ある箇条全体が適用不可能であることを単に決定するだけでなく，個々の要求事項を考慮することが望ましい．”とされています．

また続けて，“ある箇条の要求事項の一部が適用可能である場合，又はある箇条の要求事項が全て適用可能若しくは適用不可能である場合もある.”ともしています.

診断事例4　品質マネジメントシステム及びそのプロセス（4.4.1）

▶症　状

D社は，検査試験装置の設計，製造及び販売をしています．主なプロセスは，営業プロセス，設計プロセス，製造プロセス，据付工事プロセスです．

製造プロセスに関しては，製造工程において管理すべきことを一覧表にした「QC工程表」に基づき，製造されていました．押さえるべきポイントである管理項目やできばえの品質特性を明確にし，その基準や管理方法を詳細に決めています．したがって，「QC工程表」どおり製造していれば，特に大きな問題はありませんでした．「品質を工程でつくり込む」ことが何十年と引き継がれていたのです．

同社は，ISO 9001認証を取得していますが，認証取得にあたって，営業プロセスの主管部門である営業部門からは，「営業は売上げを上げることが使命なので，品質は関係ない．余計なことはやりたくない」と強く主張されたため，ISO 9001要求事項を表面的に満たすだけの対応をしました．

また，設計プロセスの主管部門である設計部門からも同じように「品質は製造にかかっているのだから，設計は関係ない．余計なことはやりたくない」と主張され，据付工事プロセスの主管部門である据付工事部門からも「職人の腕がよければそれでいい．今さら面倒なことをしたくない」と，これまた強く主張されたため，ISO 9001要求事項を表面的に満たすだけの対応をしました．

そのような対応をしたためか，ISO 9001認証を取得し，継続していても，営業からの情報が不足しているために，製造部門でやり直しをしたり，最終的にクレームとなったりしています．設計においても，何度も同じ設計ミスを起こしている状況です．

据付工事においても，職人気質で，人に頼った仕事をしているため，人によるばらつきが大変問題となっています．つまり，会社全体としてのメリットが得られていないばかりか，悪い状況が続いています．

▶診断結果

品質は製造部門がやることで，営業部門や設計部門は関係ないと考えている人は多いものです．品質の定義から学習しないといけません．

さて，「品質を工程でつくり込む」というスローガンは以前からありました．特に，製造業ではよく言われていたと思います．そのおかげか，日本の製造業の製造プロセスにおいては，品質を工程でつくり込んでいる例がとても多く，日本製品の品質の良さはこのおかげといってもよいでしょう．

この考え方を製造プロセスだけでなく，全てのプロセスに適用することが，組織全体で良い結果を得るためには必要です．

プロセスで仕事の質を確保する，品質をプロセスでつくり込むことを「プロセスアプローチ」と呼びます．

事例のように，**製造プロセス以外はプロセスアプローチができていない，又は不十分なケースが多く，それにより，会社全体のパフォーマンスが良くならない，あるいは悪い状況が続いている**ことがよくあります．

▶対応方法

全てのプロセスにおいて，プロセスアプローチを実施してもらいます．良い結果を得るために何をすべきかを前もって決めるのです．何をすべきかについては，具体的には11項目あります．

① 対象となるプロセスへのインプット

② そのプロセスからのアウトプット

③ そのプロセスで付加すべき価値

④ そのプロセスがうまくいっているかどうかの指標

⑤ 正しく間違いのないアウトプットとするための押さえどころである管理項目

⑥ その管理項目に求められる狙いとしての管理基準

⑦ 管理基準が狙いどおりになっているかどうかを監視・測定するための管理方法

⑧　文書を含む必要な管理手順

⑨　運用の証拠となる管理基準

⑩　正しく間違いのないアウトプットとするために必要な，人にかかわる力量や認識

⑪　正しく間違いのないアウトプットとするために必要な，資源や環境を含むインフラストラクチャ

これらを明確にして，プロセス運営をするのです．有効に運用するためにも目で見てわかるようにしておくことが望まれます．

▶予防策

プロセスアプローチは大切なことは知っているけれど，具体的に何を意味するのか，何をすべきかがわからない人が多いようです．概念的な要素も多いため，理解しにくいのだと思います．

『JIS Q 9002:2018 品質マネジメントシステム—JIS Q 9001 の適用に関する指針』の 4.4.1 a)～h) では，プロセスアプローチの要求事項について説明を加えていますし，『JIS Q 9001:2015 品質マネジメントシステム—要求事項』では，序文の 0.3 にプロセスアプローチについての説明があります．また，『JIS Q 9000:2015 品質マネジメントシステム—基本及び用語』に品質マネジメントの原則の一つとして説明されています．いずれも明確な記述がされています．

少し難しさはありますが，『JIS Q 9027:2018 マネジメントシステムのパフォーマンス改善—プロセス保証の指針』も品質をプロセスでつくり込むプロセス保証について詳しく説明しています．

拙著『ISO 9001:2015 プロセスアプローチの教本 実践と監査へのステップ10』（日本規格協会）でも，プロセスアプローチをわかりやすく解説しています．

診断事例 5　品質マネジメントシステム及びそのプロセス（4.4.2）

▶症　状

E 社は，工業用潤滑油の製造及び販売をしています．ISO 9001 認証は 1994 年と，比較的早い時期に取得しました．この当時は，参考となる情報も少なかったためか，数多くの規程類，全ての仕事に対する作業標準書，膨大な記録類と，必要以上に文書や記録をつくってしまいました．

同社では，当初，原料を仕入れ，製造していましたが，最近は，事業再編に伴い，製造や出荷業務は全て外部委託し，工場では営業，受注業務，試験のみを行っています．

このように，大幅な事業内容の変更があったものの，品質マネジメントシステム文書があまりにも膨大なため，現状に合わせようと努力していますが，まったく追いついていない状況です．

▶診断結果

事業形態が変化していく中で，文書や記録の必要性の検討ができていなかったと診断します．

文書や記録は，品質マネジメントシステムやプロセスを適切に運用するために有効なツールです．しかし，「過ぎたるは及ばざるがごとし」で，必要以上に多くてもいけません．文書や記録が多いと大変なのは，品質マネジメントシステムは常に変化していくものなので，それに伴って文書も変更し，記録の管理も変更しなければならないからです．

役立っている文書ならともかく，役に立っていないような文書であっても文書がある以上は，品質マネジメントシステムの変更に伴って，改訂作業をすることになります．記録も必要以上にあれば，記録するだけでも手間はかかりますし，その記録を確認したり，承認したりすれば，それだけ手間がかかります．また，その記録の保管も大変で，管理の手間もかかります．

ISO 9001 要求事項では，手順書の要求は一つもありませんし，必要と判断した場合に，文書や記録を作成することを求めています．

▶対応方法

思い切った対応が必要です．実は同様な事例について，過去に対応したことがあります．

膨大な文書や記録について要・不要を評価してもらったのですが，いざやってみると，不要とする文書や記録がほとんどなかったのです．現状と乖離していたり，あまり役立っていなかったりしたにもかかわらず，いざ廃止しようとすると二の足を踏んでしまうのです．内容を見直せば，まだ使えるとか教育には使えるとかといった意見が出てきて，まったく文書や記録が減りませんでした．

そこで考えたのが，全ての文書・記録をまず休止して，しばらく運用してみようとなったのです．そうしたら，なんと，まったく支障がありませんでした．特にその会社では，情報通信システムが整備され，その情報通信システムに従って進めていけば，仕事が自然と回っていったということです．情報通信システム自体が文書であり，システムに保存される情報が記録ということなのです．

対応方法としては，**不要な文書や記録を廃止するのではなく，一旦全ての文書や記録を休止して，しばらく運用して，本当に必要になったものを復活させ現状に合わせて変更**していけばよいでしょう．

▶予防策

プロセスの運用にあたり，必要と判断した文書や記録を整備することが求められています．ルールや手順を全て文書にすることは「ムダ」であり，避けなければなりません．また，全ての実施事項を記録に残すことも「ムダ」であり，避けるべきことです．しかし，文書や記録は少なければよいというものではなく，やはりメリットはたくさんあります．

『JIS Q 9002:2018 品質マネジメントシステム—JIS Q 9001の適用に関す

る指針』の4.4.2では，文書化した情報について説明を加えています．

文書や記録の役割を再認識することが必要です．役割はいくつか考えられますが，最も重要なのは，品質マネジメントシステムやプロセスの改善につながることです．品質マネジメントシステムやプロセスの改善は，PDCAを回すことによって行われることは，よくご存知だと思います．

プロセスの改善のイメージを**図4.3**に示します．

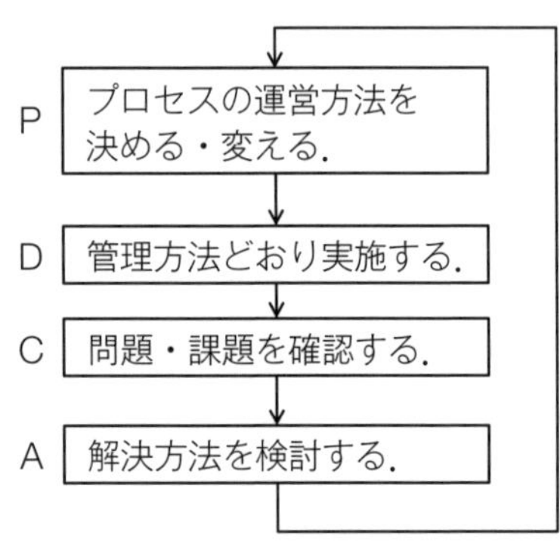

図4.3 プロセスの改善のイメージ

このPDCAを有効に回すためには，まずP（計画）が明確になっていなければ始まりません．このPを明確に目で見てわかるようにしたのが文書ということです．そして，PDCAを回すためには，PどおりD（実施）したのかどうかが大切で，PどおりDしていることがPDCAを回すこと，つまり改善のための必要条件となります．

PどおりDしていなかったら，そこで終わりでPDCAは回りません．やるとすれば，PどおりDすることを再度徹底することぐらいでしょう．

このPどおりDしたかどうかが改善に至るのかどうかの分かれ道となるわけですが，PどおりDしたかどうかをリーズナブルに確認できる方法が記録ということなのです．つまりPの見える化が文書，Dの見える化が記録なのです．

このイメージを**図4.4**に示します．

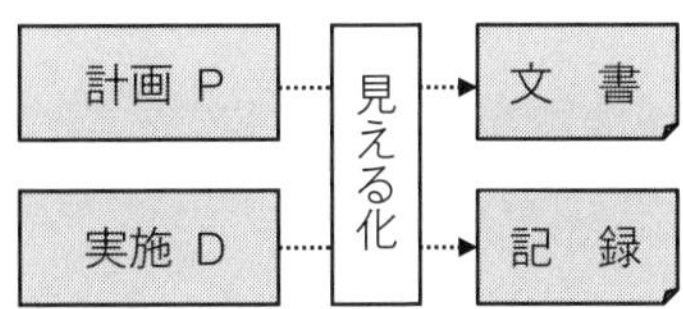

図 4.4　文書・記録の見える化

第 5 章　リーダーシップの診断

リーダーシップに潜む「ムダ」となっている部分について診断します．ここは，主にトップマネジメントである経営責任者が実行すべきことを示した部分です．その部分を**図 5.1** に示します．

何事もトップマネジメントがその気になって取り組まないとうまくいきません．品質マネジメントシステムにおいても同様で，トップマネジメントが目的をしっかりもって，リーダーシップを発揮しなければ，より良い品質マネジメントシステムへの改善が進まず，良い結果が得られないのです．

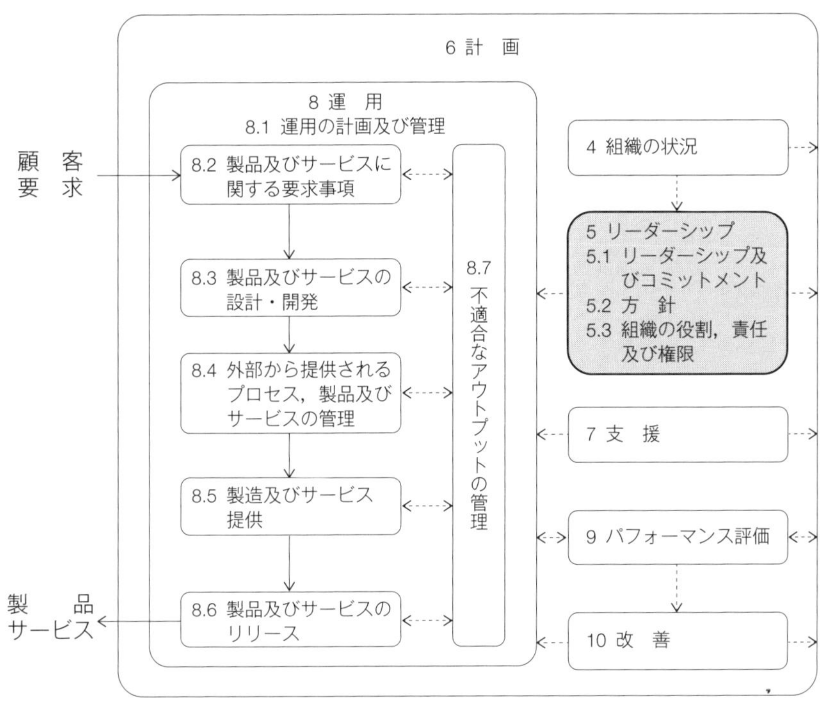

図 5.1　リーダーシップの診断部分

診断事例6　リーダーシップ及びコミットメント（5.1.1）

▶症　状

A社は，シャンプーやボディソープなどのトイレタリー製品の開発及び製造をしています．従業員は200人ほどですが，自社ブランドをもっており，顧客は量販店やOEM供給先となっています．

顧客からISO 9001認証を要求され，取得しました．経営者は，兄の社長と弟の専務です．実態としての経営責任者は社長でしたが，品質マネジメントシステムのトップマネジメントは営業責任者の専務に任されました．

社長は，品質マネジメントシステムにはまったく興味がなく，認証があればそれでよいという考えをもっていました．専務は専務で，営業のことしか興味がなく，名ばかりのトップマネジメントでした．

したがって，経営と品質マネジメントシステムが一体化しておらず，品質マネジメントシステムの活動がISO 9001認証のためだけの活動となっていて，ISO 9001認証審査の直前になって慌てて書類を作成することが毎年行われていました．

▶診断結果

経営は経営，品質マネジメントシステムは品質マネジメントシステムとなってしまっていて，経営と乖離した，形式的な品質マネジメントシステムとなっていると診断します．品質マネジメントシステムと経営との一体化の必要性は，ISO 9001の5.1.1 b)，c) の要求事項からも読み取れます．

b)　品質マネジメントシステムに関する品質方針及び品質目標を確立し，それらが組織の状況及び戦略的な方向性と両立することを確実にする．

c)　組織の事業プロセスへの品質マネジメントシステム要求事項の統合を確実にする．

b) は，組織の経営戦略と経営状況を考慮しながら，品質方針及び品質目標を設定することを意図していますので，経営と別々ではいけないことがわかります．

c) は，組織の品質マネジメントシステムの活動が事業活動と別々となっていて，経営からはみ出した活動にならないようにすることを意図しています．

トップマネジメントである経営責任者がこれらの意図を理解していないと，残念ながら形式的な品質マネジメントシステムとなり，「ムダ」となっている部分がどんどん増えることになります．

▶対応方法

トップマネジメントに品質マネジメントシステムの目的と ISO 9001 の意図を理解してもらうことから始めましょう．内部では難しい場合が多いかと思いますので，外部の力を借りることも有効です．経営者向けのセミナーに参加してもらうこともよいでしょう．

実際に，「トップマネジメントをその気にさせるためにはどうしたらよいでしょうか？」という質問を受けたりすることがあります．これは大変難しい質問で，こうすれば大丈夫だと言える答えがないのです．**トップマネジメント自身に自覚してもらわないと何をやってもだめ**でしょう．そのためには，粘り強くトップマネジメントに語りかけることや経営者向けのセミナーに何とか参加してもらうようにすること，外部から講師を招聘して，経営者や管理者向けの講演会を開催することなどが考えられます．

▶予防策

『JIS Q 9002:2018 品質マネジメントシステム—JIS Q 9001 の適用に関する指針』の 5.1.1 c) では，ISO 9001 の 5.1.1 c) について，次のように示しています．

c) 組織の品質マネジメントシステムのプロセスを“付け足しの”又は対立する活動として取り扱うのではなく，全体的な事業プロセスの中で統合し，マネジメントすることを確実にする．

わかりやすい説明です．“付け足しの”という部分が経営（マネジメントシステム）からはみ出た部分ということになります．付け足しではだめであり，さらに対立してもいけないのです．経営にとって役立たない「ムダ」な活動ではいけないということなのです．

さらに『JIS Q 9004:2015 品質マネジメント―組織の品質―持続的成功を達成するための指針』の 7.1.1（リーダーシップ――般）では，トップマネジメントへの推奨事項として，次の 3 点が示されています．

a）簡潔かつ容易な方法で，使命，ビジョン，価値観及び文化の採用を促進し，目的の統一を図る．

b）人々が組織の目標の達成に積極的に参画し，コミットメントする内部環境を生み出す．

c）トップマネジメントが確立したとおりに，目的及び方向性の統一を促進し，維持するよう，適切な階層の管理者を励まし，支援する．

診断事例 7　顧客重視（5.1.2）

▶症　状

B 社は，自動車部品を製造しており，プラスチック機能部品の成形加工を行っています．従業員は 80 人ほどで，顧客の要求により，ISO 9001 認証を取得しました．

自動車の軽量化を進めるために，従来金属であった部品をプラスチックに変更する動きが出てきており，同社も新しい部品への対応を迫られていました．しかし，金属加工で達成できた寸法精度もプラスチックの成形加工では難しく，顧客が要求する寸法精度を確実に満たすことができませんでした．不適合品率が 30％を超え，このままでは採算が合わず，経営にも影響を及ぼしかねない状況でした．

従来の製品ですと，不適合品は破砕して，再度原料として使用することができましたが，今回の部品は再生材を使用することが禁じられている仕様となっていました．それだけでなく，不適合品の廃棄にも費用がかかっていました．

そこで，トップマネジメントである社長は，再生材を使ったサンプルをつくって評価するよう命じました．その結果，再生材を使ったサンプルと再生材を使用しない部品の寸法や強度などの品質特性は，まったく変わらないことがわかりました．それ以降，顧客には内緒で再生材を使用することにしました．

▶診断結果

顧客重視ではなく，目先の利益重視となってしまったものと診断します．これは，ISO 9001 要求事項に不適合であるばかりでなく，品質コンプライアンス違反でもあります．ISO 9001 の 5.1.2 a) では，“顧客要求事項及び適用される法令・規制要求事項を明確にし，理解し，一貫してそれを満たしている．”ことを確実にするよう，トップマネジメントに要求しています．

会社は，利益を追求するところなので，利益を得ることに注力することはあたりまえなのですが，目先の利益に走りすぎてはいけません．**顧客を裏切らな**

い顧客重視の姿勢で経営することが，長期に渡る利益を得ることになるのです．

▶対応方法

トップマネジメントである社長に顧客重視の考え方をしっかりと理解してもらうことから始めます．顧客と技術的な交渉も必要でしょう．工程能力が確保できるような仕様の再設定や再生材の使用を認めてもらうよう，技術的な解析をお願いすることなどが必要でしょう．

▶予防策

『JIS Q 9000:2015 品質マネジメントシステム―基本及び用語』の 2.3.1 では，品質マネジメントの原則の一つである顧客重視について説明しています．

品質マネジメントの原則とは，

・顧客重視

・リーダーシップ

・人々の積極的参加

・プロセスアプローチ

・改善

・客観的事実に基づく意思決定

・関係性管理

の 7 原則を言い，ISO 9001 はこの原則に基づいています．原則を知ることはとても大切なことなので，ぜひ学習されるとよいでしょう．

顧客重視については，“品質マネジメントの主眼は，顧客の要求事項を満たすこと及び顧客の期待を超える努力をすることにある．”と説明し，その根拠として，“持続的成功は，組織が顧客及びその他の密接に関連する利害関係者を引き付け，その信頼を保持することによって達成できる．”としています．

持続的成功とは，長期に渡る成功のことで，この事例のように目先の利益を求めるのではなく，持続的成功を求めていくことが大切なのです．

診断事例 8　品質方針の確立（5.2.1）

▶症　状

C 社は道路の舗装工事をしています．従業員は 10 人で，同社が所在する自治体では，ISO 9001 認証が経営事項審査の加点対象となっており，その点数を稼ぐために，ISO 9001 認証を取得しました．

したがって，認証が目的となっているので，トップマネジメントである社長も従業員も品質マネジメントシステムの運用にはまったく興味がなく，ISO 9001 認証審査の前には，契約しているコンサルタントの支援を受けて何とかしのいでいる状況です．

同社の品質方針は，次のようになっています．

C 社の品質方針

・道路工事業を通して，顧客の満足に応える．

・社会とともに発展する．

このような品質方針のため，社員もどんな意味があるのか，何がやりたいのかまったくわかっていないようです．

▶診断結果

品質方針は，ただつくればよいと安易に考えていたものと診断します．品質方針はトップマネジメントの熱い想いを言葉にのせて，従業員の皆さんにわかりやすく伝えるものです．

ISO 9001 認証のきっかけがビジネスのためであっても，より効果的な品質マネジメントシステムに変えていくことができれば，会社の経営にも役立ちます．品質方針の再策定が必要でしょう．

▶対応方法

トップマネジメントである社長に，どのような会社になりたいのかをもう一度考えてもらったうえで，ISO 9001の“5.2 方針”の要求事項の意図を理解してもらいます．そして，従業員の皆さんにもわかりやすい表現をこころがけて，品質方針を策定します．要求事項の意図を次のように理解するとよいでしょう．

品質方針は，組織の目的や置かれている状況に見合ったものであることが求められています．C社においては，道路の舗装工事会社としての目的や状況に見合ったものでなければなりません．

また，品質目標を設定したり，見直したりする際にその方向性をきちんと示したものであることが求められています．さらに顧客のニーズや期待，法規制，ISO 9001などの要求事項を満たすことを約束すること，品質マネジメントシステムを継続的に改善することを約束することを含めることが求められています．

▶予防策

『JIS Q 9002:2018 品質マネジメントシステム―JIS Q 9001の適用に関する指針』の5.2.1では，品質方針について，満たすべき条件について手引が示されています．参考にするとよいでしょう．

また，『JIS Q 9004:2018 品質マネジメント―組織の品質―持続的成功を達成するための指針』では，7.2（方針及び戦略）において，次のように示されています．

> トップマネジメントは，例えば，コンプライアンス，品質，環境，エネルギー，雇用，労働安全衛生，ワークライフの質，革新，セキュリティ，プライバシー，データ保護，顧客経験などの側面に取り組むため，組織の方針という形で組織の意図及び方向性を提示することが望ましい．方針書には，利害関係者のニーズと期待を満たし，改善を促すというコミットメントを含めることが望ましい．

このように，狭い意味の品質，つまり製品品質やサービス品質だけでなく，幅広い側面を考慮して方針を策定されるとよいでしょう．

また，方針策定から展開するための指針として，『JIS Q 9023:2018 マネジメントシステムのパフォーマンス改善—方針管理の指針』も役立つでしょう．

診断事例9　品質方針の伝達（5.2.2）

▶症　状

D社は，配電盤に使用される金属部品を製造しています．従業員は10人と小規模ながら，顧客からの要望とトップマネジメントである社長の競争優位に立ちたいという思いから，ISO 9001認証を取得しました．すでに10年以上，認証を維持しています．

認証取得した頃は，品質方針も審査員に聞かれるかもしれないと思って，従業員も一応記憶していつでも答えらえるようにしていました．また，社長も常に質問するなどして，自分のポリシーである品質方針について熱く語っていました．

しかし，3年くらい経つと社長自身もあまり関心を示さなくなり，従業員に語ることもなくなりました．従業員も入れ替わり，当時からの従業員はいなくなりました．

ISO 9001認証審査においても，品質方針について質問されることもなかったため，ほとんどの従業員が品質方針を理解していませんでした．品質方針が記載されたカードは，配付されていましたが，説明もなく配られたため，多くの従業員は机の中にしまっている状況でした．

▶診断結果

立派な品質方針を策定しても，従業員にうまく伝達できていなければ意味がありません．品質方針の伝達がうまくされず，品質方針のカードも「ムダ」となっているものと診断します．長年認証を維持している組織で，このような事例をよく見かけます．

品質方針を暗記する必要はありませんが，どのようなことを目指しているのかが理解されていないといけません．品質方針は文書化が要求されているので，掲示したり，カードを配ったりしている組織が多いのですが，それで終わってしまうと形骸化してしまいます．

▶対応方法

品質方針について，再度その意味や意図するところを社長から従業員に伝えます．D 社は**小規模なので，日頃の社長とのミーティングや会話の中で，伝えていく**とよいでしょう．また，新しく入社した人にも，その都度伝えることが大切です．品質方針を掲示したり，カードで配ったりすること自体は悪いことではありません．

ただし，その後のフォローが必要でしょう．例えば，カードであれば，品質方針に対して，自分は何をすべきなのか，自分にかかわる品質目標や具体的行動など，自ら記入する様式にすることも有効です．

▶予防策

『JIS Q 9002:2018 品質マネジメントシステム—JIS Q 9001 の適用に関する指針』の 5.2.2 では，品質方針の伝達について手引が示されています．

また，『2015 年改訂対応 小規模事業者のための ISO 9001 何をなすべきか—ISO/TC 176 からの助言』（日本規格協会）では，「5.1.1，5.1.2，5.2.2 に関するケーススタディ」が示されていて，とても参考になります．小規模な会社の事例の一部を紹介します．

> オーナーは，全員が品質方針をよく理解できるように，社員の給湯室や洗面所の壁面に品質方針を掲示します．オーナーは，毎日の始業開始前の会合を活用し，品質方針の様々な部分に重点を置き，質問を奨励し，改善案についてのアイデアを求めながら，チームが品質方針を理解しているかどうかを毎日チェックします．

診断事例10　組織の役割，責任及び権限（5.3）

▶症　状

E社は，インテリア家具の開発，製造及び販売をしています．従業員は100人ほどで，納入先である量販店からの要求もあり，ISO 9001認証を取得しました．トップマネジメントはオーナーでもある社長で，社長が自らデザインする家具はとても好評で，売上げも伸びており，社員も年々増えている状況です．

オーナー社長にはよくあることかもしれませんが，全て自分で決めないと気が済まない性格で，人に任せるということはあまりしません．社長以外の役員は，父親の会長と母親の専務ですが，ほとんど経営に関与していません．営業部，開発部，製造部，管理部でそれぞれ部長がおり，その下に数人の課長，さらにその下に数人の係長という体制がとられています．

役割や責任については，品質マニュアルや規程などに記載されていますが，権限についてはまったく記載されておらず，実態としては，責任はあるものの権限がない状態です．

例えば，部下の評価は全て社長が行っており，人事も社長が全て決めます．また，経費についても全て社長が決裁しており，部長といえども，ボールペン一つ買うのに社長の決裁が必要です．

▶診断結果

責任とともに権限も与えないと，人は十分な能力を発揮できません．どうやらE社は，社長とそれ以外という文鎮型の体制となっています．これはこれであり得るのですが，そうだとすると部長，課長，係長の役職は意味がなくなります．組織体制における権限の付与不足であると診断します．

従業員からすれば，権限が委譲されていないのに，責任だけ押し付けられていると不満に感じるでしょう．このような状態では，やる気も失せてきます．どうせ何を言っても社長が決めるのだから，何も言わないでおこうとなってしまいます.

そうなると「言われたことだけやればいい」という人ばかりになってしまい，せっかく大勢いる人たちがもっている能力が活かされないばかりか，会社全体としての総力が伸びず，やがて衰えていきます.

▶対応方法

経費や人事権のみならず，様々な決定事項について権限委譲することが必要です．権限委譲することで，動機付けとなり，やる気が湧いてきます．また，**権限委譲によって，自ら決定することが増えるので，先行きも含め，深く考える習慣が身に付き，人材育成にもつながる**ことでしょう.

権限委譲は，社長が決意しないとできません．さらなる会社の成長のためにも，社長は管理者とよく話し合い，役割や責任に見合った権限をどこまで付与するのかを決めることが望まれます.

何もかも全て社長が決定している行為は，従業員を自ら考え，自ら行動する人にならないようにしている行為です．これは，従業員にとっても会社にとっても大変不幸なことです.

▶予防策

『JIS Q 9004:2018 品質マネジメント—組織の品質—持続的成功を達成するための指針』の 9.2.3（人々への権限委譲及び動機付け）では，権限委譲と動機付けについて推奨事項が示されています.

この規格から読み取れることは，責任と権限はセットで与えないといけないこと，責任だけでなく権限を委譲することで，より組織の能力が強化されること，逆に権限の委譲によって責任をもとうとする動機が強化されるということです．責任をもってもらうためにも権限の委譲が必要なのです.

第 6 章　計画の診断

計画に潜む「ムダ」となっている部分について診断します．ここは，品質マネジメントシステム全体の計画をより適切に行えるようにする部分です．その部分を**図 6.1** に示します．

リスク及び機会の決定と取組み，品質目標の設定と達成計画，品質マネジメントシステムの変更計画を実施するという，まさしく品質マネジメントシステム全体が対象であり，人でいうと身体全体ということになります．病気に負けない身体にするには，身体全体が健康であり，強い免疫力をもっていなければなりません．品質マネジメントシステムでも同じことです．

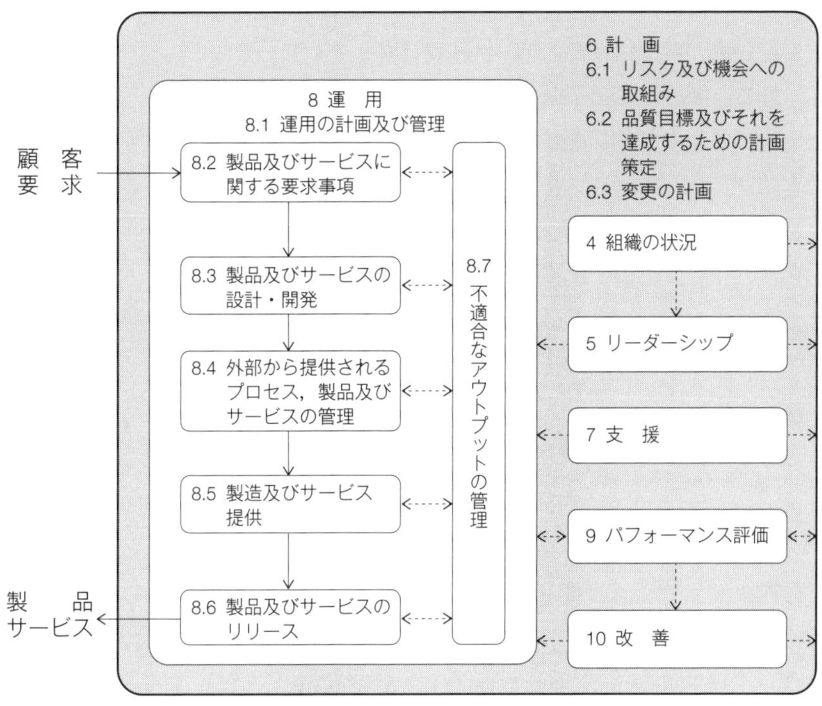

図 6.1　計画の診断部分

診断事例 11　リスク及び機会への取組み（6.1.1）

▶症　状

A社は，化粧品の受託製造を行っています．従業員は200人で，主な顧客は海外の化粧品メーカーです．以前，顧客から取引の条件として要求されたのでISO 9001認証を取得しました．

ISO 9001の6.1.1の要求事項にリスク及び機会の決定があるため，ISO事務局は「リスク及び機会の一覧表」を作成しました．ISO事務局から各部門にそれぞれの部門にかかわるリスク及び機会をアンケート調査し，それをまとめた形で一覧表を作成しました．

しかし，この「リスク及び機会の一覧表」は，ISO 9001認証審査で審査員に見せる以外使われることがありません．また，そのような状況なので，作成してからずいぶん経ちますが，一度も見直しをしていません．

一方で，顧客からは製造工程のリスク管理を求められており，工程FMEAを実施しています．同社の社風でもあるのですが，大変まじめに取り組んでいて有効なリスク管理ができています．

しかし，この工程FMEAの実施については，ISO 9001の“8.3 製品及びサービスの設計・開発”を適用していないため，品質マネジメントシステムのどこにも明確にされていませんでした．

▶診断結果

この事例においても，経営は経営，品質マネジメントシステムは品質マネジメントシステムとなってしまっていて，経営と乖離した，形式的な品質マネジメントシステムとなっていると診断します．

診断事例1や診断事例2と同様に，品質マネジメントシステムが経営と一体化していないとこのような症状が現れます．また，顧客から要求されたのを機に，工程FMEAを実施しています．工程FMEAとは，工程故障モード影響解析のことで，工程における失敗などのリスクを洗い出し，評価して優先度に応じてリスクを低減，若しくは取り除く処置をする手法です．

▶対応方法

A 社は受託製造をしているので，一番大きなリスクは顧客の要求を満たしていない製品を流出させてしまうことです．これに対して，工程 FMEA を効果的に実施することで未然に防ごうということなのです．

FMEA には，設計 FMEA と工程 FMEA があり，設計 FMEA は設計品質上のリスク，工程 FMEA は工程設計上のリスクに対応するもので，どちらも有効なリスク管理ツールです．しかし残念ながら，形式的に作成して顧客に提出して終わりという組織が多いのが事実です．

同社では，効果的に実施されているということで，大変すばらしいことだと思います．ただし，効果的に工程 FMEA を実施していたとしても，品質マネジメントシステムとして明確にされていないとなると，今後の継続が心配です．

製品設計は顧客が行っていますが，工程設計は同社が行っているので，工程設計の仕組みを整備して品質マネジメントシステムに取り込むことが大切です．その際は，ISO 9001 の“8.3 製品及びサービスの設計・開発”の要求事項をうまく活用するとよいでしょう．

▶予防策

『JIS Q 9002:2018 品質マネジメントシステム―JIS Q 9001 の適用に関する指針』の 6.1.1 では，リスク及び機会の決定において利用できる手法や技法を紹介しています．それぞれの技法についての詳細は省略しますが，学習する価値は十分にあります．それらの技法には，次のものが示されています．

SWOT 分析，PESTLE 分析，故障モード影響解析（FMEA），故障モード影響致命度解析（FMECA），危害要因分析重要管理点（HACCP）などの技法，単純なアプローチとして，ブレインストーミング，構造化 what if 技法（SWIFT），結果／発生確率マトリックスなどの技法この事例では，上記の故障モード影響解析（FMEA）が利用されています．

リスク及び機会を検討する場面の例として，戦略会議，マネジメントレビュー，内部監査，品質に関する多種の会議，品質目標設定のための会議，新しい製品及びサービスの設計・開発の計画段階，生産プロセスの計画段階など，様々なものがあるとされています．この事例のケースでは，製品及びサービスの設計・開発の計画段階ということになります．

また，ISO 9001には，リスク及び機会の決定及び取組みに厳密なリスクマネジメントを用いるという要求事項はありません．組織は，そのニーズに合った方法を選択できます．

『JIS Q 31010:2012 リスクマネジメント―リスクアセスメント技法』には，組織の状況に応じて考慮することができるリスク評価ツール及び技法の一覧が掲載されているので，参考にするとよいでしょう．

診断事例 12　リスク及び機会への取組み（6.1.2）

▶症　状

B社は，冷凍・冷蔵食品の開発及び製造をしています．従業員は600人で，主な顧客は量販店やコンビニエンスストアチェーンです．顧客の要求によりISO 9001認証を取得し，続いて食品安全マネジメントシステム規格の認証も取得しました．

リスク及び機会の取組みに関しては，ISO事務局である品質保証部が取りまとめています．各部門からリスク及び機会をリストアップさせて一覧表にし，その横の欄に実行すべき行動を記入することで取組みの計画としようとしていました．

しかし，食品安全リスクはすぐ思いつくものの，他のリスクや機会はどこの部門もなかなか思いつきませんでした．困ったISO事務局は，全社共通の一覧表にして，とりあえず食品安全リスクだけを取り上げて一覧表を完成させました．

一方で，経営企画部では，SWOT分析を実施し，それをベースに中期経営方針や中期経営計画を策定していました．

▶診断結果

この事例においても，経営は経営，品質マネジメントシステムは品質マネジメントシステムとなってしまっていると診断します．経営企画部は品質マネジメントシステムの適用範囲に含まれていなかったので，このような事態となってしまったようです．経営と品質マネジメントシステムの一体化ができていないのです．

SWOT分析とは，組織の「強み（Strength），弱み（Weakness），機会（Opportunity），脅威（Threat）」の四つを組み合わせて分析する手法です．脅威は好ましくないリスクですので，SWOT分析は，リスク及び機会の分析にもなるのです．

経営企画部が SWOT 分析を実施し，中期経営方針，中期経営計画に展開しているのであれば，これこそリスク及び機会への取組みへの計画と言えます．

▶対応方法

まず，経営体制と品質マネジメントシステムの適用範囲を同じにします．経営企画部も品質マネジメントシステムに取り込みます．

現状は，経営企画部だけで SWOT 分析していますが，これを部門横断的に行う仕組みとします．部門横断的に SWOT 分析チームを結成し，分析するようにします．その結果を踏まえて経営層とともに中期経営方針，中期経営計画を策定し，それをさらに年度経営計画に落とし込んで，全社に展開します．

こうすることで，経営と品質マネジメントシステムが一体化し，有効なリスク及び機会への取組みとなることでしょう．

▶予防策

『JIS Q 9002:2018 品質マネジメントシステム—JIS Q 9001 の適用に関する指針』の 6.1.2 では，リスク及び機会の取組みの例を次のように示しています．

a)　リスクが生じ得るプロセスを実行しないようにすることによって，リスクを避ける．

b)　例えば，組織の中で経験が浅い人々を支援するために文書化した手順を用いることによって，リスクを解消する．

c)　投資に対する収益が未知の製品ラインを開始するために新しい資本設備に投資するなど，機会を求めるためにリスクを負う．

　例　機会への取組みの例には，新技術の導入，並びに新しい顧客若しくは市場の模索が含まれる．

d)　例えば，生産レベルが不明の場合に，原材料の事前購買を促進するために顧客と協力することによって，リスクを共有する．

e)　組織が，潜在的影響又は必要な取組みにかかるコストに基づきリスク自体を受け入れている場合は，一切の取組みを行わない．

これらを見ると，リスク及び機会への取組みは様々な形があることがわかります．

また，『2015 年改訂対応 小規模事業者のための ISO 9001 何をなすべきか—ISO/TC 176 からの助言』（日本規格協会）の 6.1 では，リスク及び機会に対してケーススタディを三つ用意して，わかりやすく解説しています．

一つ目は，小規模な建設会社で，政府が翌会計年度に多数の新築住宅を建築する計画を発表した場合のケース，二つ目は，小規模な販売会社が，製品輸入に関する税関法規が改正されたことに気付いたケース，三つ目は，塗料を製造する小さな会社の顧客の要求に基づき，FMEA を使用しているケースです．

これらのケースは，リスク及び機会の取組みに対して，どのような対応があるのかを示唆してくれます．

診断事例 13 品質目標及びそれを達成するための計画策定（6.2.1）

▶症 状

C社は，製造業向けの搬送装置の開発及び製造をしています．従業員は200人ほどで，顧客からの要求もありISO 9001認証を取得しました．組織体制は，営業部，開発部，製造部，サービス部，管理部の5部門となっており，それぞれ品質目標を設定することとしました．

ところが，営業部では，営業の仕事は売上げを上げることであり，今やっている仕事以外のことはやりたくないので，品質目標をもともとの営業部目標である売上高としました．同社の売上げは，景気に左右されることが多く，特別な活動をしなくても売上げが増えることもあります．

ある年のISO 9001認証審査で審査員から，「品質方針に顧客クレームの削減が挙げられており，さらに顧客クレームの中には，情報収集不足や連絡ミスなど，営業部が起因しているものが多くあるのに，なぜそれを減らすことを品質目標としないのですか？」と質問され，答えに窮してしまいました．

▶診断結果

確かに営業部門の仕事は売上げを上げることですが，品質目標を売上高のみに設定して他のことはしないというのは，品質マネジメントシステムの目的も満たさないでしょうし，C社のトップマネジメントの品質方針に整合していません．安易に品質目標を設定したものと診断します．

ISO 9001の6.2.1では，品質目標が満たさなければならない事項として，a)～g)まで規定しています．このうちd)は，“製品及びサービスの適合，並びに顧客満足の向上に関連している．”ことを要求しています．

営業部起因による顧客クレームを減らすことは顧客満足の向上に関連していますので，顧客クレームを減らすことにかかわる品質目標を設定すべきでしょう．

▶対応方法

顧客満足の向上が長い目で見て売上げの増加につながるという認識をもつことから始めます．顧客満足の向上のために何をすべきか，その目標を設定するとよいでしょう．

「後工程はお客様」という言葉があります．営業部が主にかかわっている営業プロセスは，上流のプロセスなので，開発や製造などの後プロセスをお客様と思って，**後プロセスが何を期待して，何を望んでいるのかの情報に基づいて，品質目標を設定することも大変有効**です．

ただし，気を付けなければならないのは，品質目標は測定可能であることを要求していますので，よくありがちな「〜を強化する」「〜を充実させる」といった抽象的な表現は避けなければいけません．

▶予防策

『JIS Q 9002:2018 品質マネジメントシステム—JIS Q 9001 の適用に関する指針』の 6.2.1 では，品質目標の設定に関する手引として，次のように示されています．

> 品質目標は，SMART［すなわち，具体的（Specific），測定可能（Measurable），達成可能で（Achievable），関連性のある（Relevant），及び期間が限定されている（Time-bound）品質目標の設定］，バランススコアカード，ダッシュボードなどの適切な技法を用いて設定及び測定することが望ましい．

これらの技法について学習することで，より有効な品質目標の設定ができることでしょう．

バランススコアカードとは，組織がもつ四つの視点（財務の視点，顧客の視点，業績プロセスの視点，学習・成長の視点）がどのように組織の業績やビジョンに影響を与えているかを可視化し，実現するための経営戦略的ツールのことです．

また，ダッシュボードとは，複数の情報を一つにまとめ，一目でデータを把握できるようにするデータの可視化ツールのことです．

診断事例 14　品質目標及びそれを達成するための計画策定（6.2.2）

▶症　状

D社は，中小規模の賃貸マンションを得意とする建設会社で，設計，施工管理及び販売をしています．従業員は50人ほどで，顧客はマンションのオーナーが主であり，その顧客の信頼を得るためにISO 9001認証を取得しました．

同社の品質目標は部門ごとに展開されており，施工管理部の品質目標は，納期遵守となっていました．顧客に引き渡す納期が遅延すると，入居者の募集時期が遅れ，時期によっては入居者が集まらないなど，大きな損失になってしまいます．

そのような中，残念ながら年に数件，納期遅延が発生し，損失の補填を余儀なくされることもありました．さらに，評判が落ちることで売上げに影響することも懸念されます．

納期遵守という品質目標の達成計画として，「品質目標達成計画書」が作成されていましたが，次のような内容でした．

○○年度　品質目標達成計画書

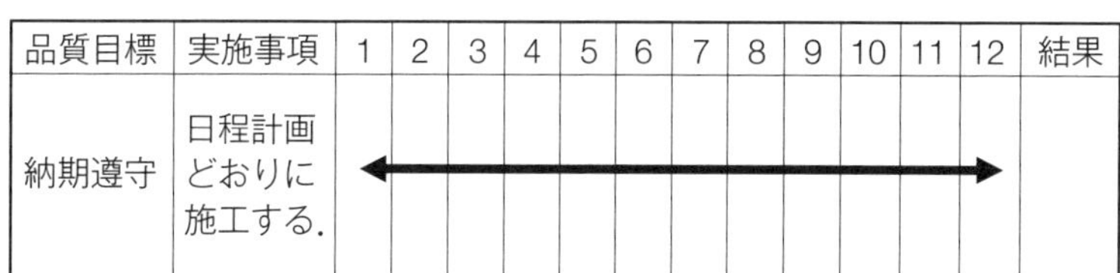

品質目標	実施事項	1	2	3	4	5	6	7	8	9	10	11	12	結果
納期遵守	日程計画どおりに施工する．	←	―	―	―	―	―	―	―	―	―	―	→	

図 6.2　D社の品質目標達成計画書

▶診断結果

品質目標達成のための計画策定が不十分であると診断します．品質目標は，納期遵守であり，納期遅れゼロ件ということで結果の評価もできるのでよいのですが，実施事項が「日程計画どおりに施工する」だけというのは，よくありません．日程どおりに施工できないから納期遅延が発生しているわけで，もっと具体的な実施事項を決めなければなりません．

それに1月から12月まで矢印が1本だけ示されています．本来は，何月から何月はこれをやって，次の何月から何月まではあれをやろうと実施事項別の具体的な日程を決めなければ，おそらく気が付いたら12月になっていたということが起きるでしょう．

ISO 9001の6.2.2では，品質目標達成のための計画について，

a）実施事項

b）必要な資源

c）責任者

d）実施事項の完了時期

e）結果の評価方法

を決定することを要求しています．

なお，計画書の作成は要求されていません．要求しているのは，**品質目標達成のために，a)～e) に対して具体的に何をすべきかを決めなさい**ということです．

多くの組織では，品質目標達成のための計画書を作成していますが，計画を目で見てわかるように，計画書を作成すること自体は大変良いことです．しかし，D社のように，形式的に計画書を作成している組織も少なからずあり，このような状態では，品質目標の達成は難しいでしょう．

▶対応方法

まず，ISO 9001が意図していることを認識することが大切です．

ISO 9001の6.2.2 a) については，品質目標達成のために具体的な処置や活動内容を決めることが要求されています．D社の場合ですと，納期遅延の原因を探り，その原因に対する処置などを決める必要があるでしょう．

b) については，十分な資源が利用可能であることを意図しており，同社の場合ですと，納期遅延の調査のために必要な部門や人員，原因分析のためのソフトウェア，処置決定の検討するミーティングの場などが考えられるでしょ

う．

c) は，品質目標を達成する責任を誰が負うのかを決めることを意図しています．個人の場合や部門の場合があるでしょう．

d) は，必要な処置や活動をいつ完了するのかを決めます．

e) は，最終的に目標が達成できたのかできなかったのかがわるようにしておくことを意図しています．

▶予防策

『2015 年改訂対応 小規模事業者のための ISO 9001 何をなすべきか—ISO/TC 176 からの助言』（日本規格協会）の 6.2 では，品質目標の達成計画に関する手引として，ケーススタディによりわかりやすく説明しています．

また，要求事項ではありませんが，品質目標達成のための計画書を作成するのであれば，『JIS Q 9023:2018 マネジメントシステムのパフォーマンス改善—方針管理の指針』を参考にするとよいでしょう．附属書 D（参考）には，方針管理に使用する具体的な様式例が記載されています．

診断事例 15　変更の計画（6.3）

▶症　状

E 社は物流業で，製造会社向けに部品の配送を行っています．部品倉庫をもっており，部品を在庫し，注文に応じてピッキングし，配送します．従業員は 300 人ほどで，顧客の要求により ISO 9001 認証を取得しました．

同社では，迅速な対応が奏功して顧客が増え，物流拠点を次々に増やしています．ISO 9001 認証を取得した当時は，拠点が本社しかなかったため，会社全体が認証範囲であり，品質マネジメントシステムの適用範囲でした．

ある年の ISO 9001 認証審査のときに，審査員が最近の状況をトップマネジメントである社長から聞いたところ，拠点が 3 か所増えていたことを確認しました．この情報は事前情報にはありませんでしたし，品質マニュアルにも記載されていませんでした．

そこで，品質マネジメントシステムの変更について，どのように行ったのかを品質管理責任者に聞きました．しかし，品質管理責任者は「1 年で一気に 3 拠点増やしたので，その立ち上げだけでせいいっぱいで，品質マネジメントシステムのことなど何も考えていませんでした」と答えました．

そのようなこともあり，新しい拠点では，仕組みの整備が不十分で，ピッキングミスや配送ミスが非常に多く，顧客からは厳しい指摘を受けていました．

▶診断結果

品質マネジメントシステムの変更が計画的に行われなかったことによって失敗したものと診断します．

組織は常に変化します．いつまでも同じ体制でいることはまずありません．変化することはむしろ良いことなのですが，品質マネジメントシステムを運用している以上は，組織の変化に合わせて品質マネジメントシステムも変更しなければなりません．

部門と部門との統合やある部門の廃止など，大幅に組織変更しても，品質マネジメントシステムの変更が間に合わず，長い間，社内標準の内容が古いままで運用されているケースがあります．こうなると，関連する部門では一時無法状態になってしまうので，とんでもない問題が起こる可能性があります．

特に考慮しなければならないこととして，**変更の目的や変更によって起こり得ることに前もって対処すること，変更によって品質マネジメントシステムが不安定にならないこと，変更の際に必要な資源，変更後の責任や権限の新たな割当てやその見直し**が挙げられます．

品質マネジメントシステムを運営しているのだという認識が薄いと，変更の計画は忘れがちになることが多いので，十分な注意が必要です．

▶対応方法

経営と品質マネジメントシステムの一体化を前提に考えると，経営上での変化点に対して，そのリスクを検討する場が必要になります．また，ISO 9001 の 5.3 e) で要求されているように，“品質マネジメントシステムへの変更を計画し，実施する場合には，”その責任者を決めておく必要があります．

経営会議で取り上げられた変更対象について失敗をしないためには，品質マネジメントシステムをどのように変更し，適用していくのかを検討することが望まれます．また，変更に関してプロジェクトチーム方式で進めるのであれば，チーム会議などで検討するとよいでしょう．

▶予防策

『JIS Q 9002:2018 品質マネジメントシステム—JIS Q 9001 の適用に関する指針』の 6.3 では，品質マネジメントシステムの変更計画に関する手引を次のようにわかりやすく説明しています．

> 変更の適正な計画は，手直し，サービスの取消し又は延期などの悪影響の回避に役立ち得る．また，不適合なアウトプットの減少，ヒューマンエラーによるインシデントの減少などの良い影響をもたらすこともできる．

また，『2015年改訂対応 小規模事業者のためのISO 9001 何をなすべきか―ISO/TC 176からの助言』（日本規格協会）の6.3では，理解しやすい二つのケーススタディが用意されています．

一つは，顧客から窓に使用する建材の変更を依頼された建設会社のケース，もう一つは，幹線道路で計画されている大規模な補修工事の影響を受けるバス会社のケースです．

第 7 章　支援の診断

支援に潜む「ムダ」となっている部分について診断します．支援とは英語でサポートです．サポートという言葉のほうがわかりやすいかと思います．

何をサポートするのかというと，ものづくりやサービス提供と品質マネジメントシステムの運用です．つまり，いくら品質マネジメントシステムを整えても，人や設備といった資源が整っていなかったら，適切なものづくりやサービス提供はできませんし，そもそも品質マネジメントシステムが適切に運用できません．品質マネジメントシステムには適切なサポートが必要なのです．

図 7.1 に支援の部分を示します．

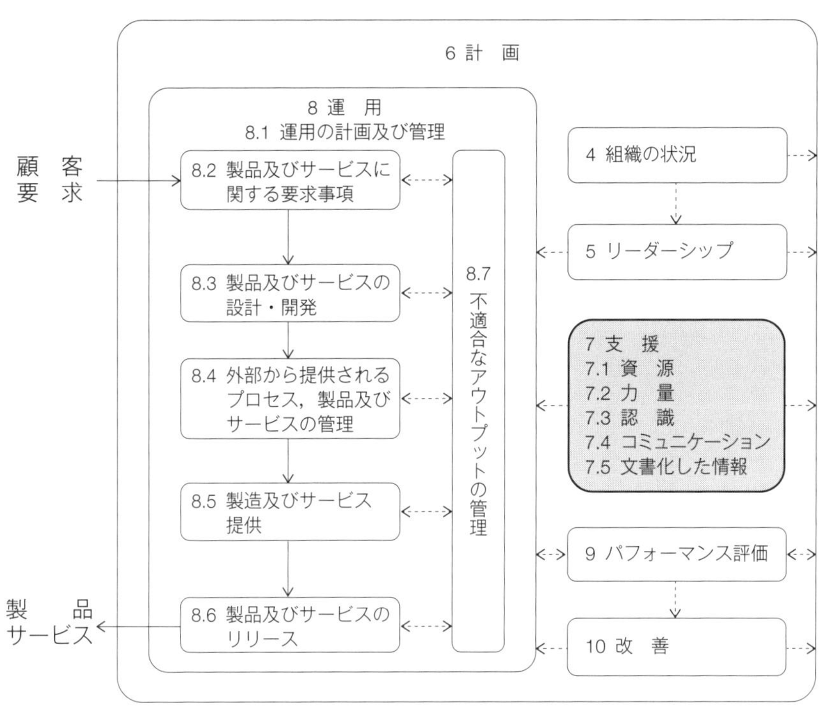

図 7.1　支援の診断部分

診断事例 16　資源（7.1.1）

▶症　状

A 社は，家庭用の携帯発電機の設計及び製造をしています．同社の携帯発電機は故障も少なく，発電効率も高いため，価格が高いにもかかわらず海外市場でも人気となっています．従業員は 200 人で，海外との取引に ISO 9001 認証が必要になったため，取得しました．

海外に輸出する際には，輸出先の国の法律を満たさなければなりません．日本では，電気用品安全法などが該当し，適用されますが，海外でも同じような法律がたくさんあります．

現状 10 か国に輸出しており，それぞれの国の法律を確認してはいるものの，海外ということもあり，法律が改正されても気付かずに販売し，後で法律に違反していることがわかって，回収しなければならない事態が多々ありました．海外の法律は，変更されることが多いにもかかわらず，その情報がなかなか入ってこないので大変厄介です．

同社では，海外の法律については，製品設計担当の技術者が管理しています．技術者は，技術の専門家ではありますが，法律には疎く，かと言って社内には海外の法律に詳しい人材はいません．このままではさらに法律違反が起こることが予想され，心配な状況が続いています．

▶診断結果

外部の専門家の力を借りる必要性について考慮することが不十分であったと診断します．この事例のように，輸出先国の法律の改正に気付かず，法律違反となってしまうケースは，残念ながらよくあります．

海外の法律は，複雑で，なおかつ，改正が頻繁に行われる場合もあり，適用すべき法律の把握と改正状況の把握は，非常に困難を伴います．社内に海外の法律に関する知識をもった人材がいないとなれば，外部の専門家の力を借りなくてはいけません．

ISO 9001 の 7.1.1 b) では，考慮すべき事項として，外部提供者から取得する必要があるものを挙げています．

▶対応方法

海外の法律に関する専門的なサービスを行っている会社を調査します．A 社の製品に関して十分な知識があるのかどうかを確認し，契約します．当該サービス会社を外部提供者として，管理しなければなりません．同社の期待に応えているかどうか，そのパフォーマンスを監視する必要があるでしょう．

この事例のように，外部の専門家の力を借りたほうが良い結果が得られるにもかかわらず，コストがかかってしまうという目先の理由だけで，組織内の人員だけで対応してしまうケースはよくあります．

目先のコストを削ったことで，後で多額の損失を出してしまうという，何とも情けないことが起こらないようにしなければなりません．

▶予防策

『JIS Q 9002:2018 品質マネジメントシステム—JIS Q 9001 の適用に関する指針』の 7.1.1 では，ISO 9001 の 7.1.1 a)，b) に対して，この事例における b) の外部から取得するものに加え，a) の“既存の内部資源の実現能力及び制約”について説明しています．

既存の内部の資源の実現能力については，例として“人々，設備能力，組織の知識”を挙げ，制約については，例として“予算，資源の数，スケジュール”を挙げています．

また，『JIS Q 9004:2018 品質マネジメント—組織の品質—持続的成功を達成するための指針』の 9.1（資源のマネジメント——一般）では，重要な資源の例として次を挙げています．

a)　財務資源

b)　人々

c)　組織の知識

d)　技術

e)　設備，施設，エネルギー，ユーティリティなどのインフラストラクチャ

f)　組織のプロセスのための環境

g)　製品及びサービスの提供に必要な材料

h)　情報

i)　子会社，パートナ及び同盟関係組織を含む，外部から提供された資源

j)　天然資源

以上を考慮して，組織で対応するか外部で調達する資源を明確にするとよいでしょう．

診断事例 17　人々（7.1.2）

▶症　状

B 社は，建設機械などに使用される油圧シリンダーの設計及び製造をしています．従業員は 300 人で，顧客の要求により，ISO 9001 認証を取得しました．

同社では，できるだけ少ない人員で済ませようという風潮があり，そのため，検査部門においても検査員はぎりぎりの人数となっています．

油圧シリンダーの検査は，漏れ検査のように，目視で行う項目が多いため，検査時間がどうしてもかかってしまい，出荷が迫られていつも焦って検査をしている状況でした．検査部門から検査員の増員を再三経営層に申し出たものの，まったく取り合ってもらえませんでした．

そのような状況の中，検査部門は，後工程である梱包・出荷部門から早くしろと迫られたため，検査を全てやったことにして記録だけ残し，後工程に引き渡すことにしました．残念なことに，これが常態化してしまいました．いわゆる品質コンプライアンス違反です．

▶診断結果

適切な品質マネジメントシステムの運用に必要な資源，この事例の場合は，人的資源の提供が不十分であったと診断します．

いくら品質マネジメントシステムを整えても，それを支える人々が十分にいなければ，うまく運用できるはずがありません．

人員を増やすと当然人件費などのコストがかかります．しかし，本当に必要な人員を投入しなければ，その歪みは悪い形で露呈することになります．根性だけではどうにもならないことを経営層は理解していないといけないのです．

人員不足によって，現場が大変な状況になっているにもかかわらず，経営層がまったく把握していないことがよく起こります．経営層は，財務指標の数字だけを見ているのではなく，現場の状況をきちんと把握していなければならないのです．

▶対応方法

この事例は，検査部門における例でしたが，おそらく他の部門でも同様なことが起こっている可能性があります．したがって，まずは現場の声を聞くことから始めます．個別面談などで，現場で無理な作業がないかどうか，管理者が不足していないかどうか，現場の本音をヒアリングすることが望まれます．

現場の作業員については，標準作業が決められていて，作業の標準時間が明確になっていれば，必要工数から人員が不足しているかどうかはすぐにわかります．しかし，標準時間が定められていない例がよくあります．標準時間が定められていなければ，生産量に応じて人員を増減させることができないため，忙しいときもあれば，暇なときもあるというようにムラが生じます．この忙しいときが長期間続く場合に，人員に過度な負担がかかり，不正に至ることもあるのです．

まずやるべきことは，適切な標準時間を設定して，必要人員を把握し，投入することです．必要人員を投入できない場合は，作業の機械化，自動化で対応するか，それでもできない場合は，仕事量を減らすしかありません．

過剰な管理コスト削減についても対応が必要です．管理者が不足している場合，目先の業務に追われてPDCAが回せず，改善に着手できません．管理者の役割が明確になっていない場合に，このような事態に陥ることがあります．

そこで，管理者が実施すべき事項を明確にしたうえで，管理者の適正人員数を定めておきます．そして，これらの対応について，品質マネジメントシステムとして整備します．

▶予防策

『JIS Q 9002:2018 品質マネジメントシステム—JIS Q 9001の適用に関する指針』の7.1.2では，人々に関する考慮事項として，“品質マネジメントシステム（例えば，業務活動，監査，検査，試験，苦情調査）における機能及び役割を遂行する関係者の現在の作業負荷及び力量”を挙げており，やはり作業負荷を確実に“考慮することが望ましい．”としています．

診断事例 18　インフラストラクチャ（7.1.3）

▶症　状

C 社は，金属プレス加工を行っています．従業員は 50 人で，自動車関係の顧客の要求により，ISO 9001 認証を取得しました．

金型を使っていますが，プレス加工を続けるうちに，金型が摩耗するので，定期的なメンテナンスが必要になります．

しかし，メンテナンスにはコストがかかるため，できるだけ頻度を少なくするよう，経理担当の専務から指示がありました．仕方がないので，製造部門では，だましだまし，金型を使っていましたが，ついに修復不可能な状態になってしまい，生産ができない状況となってしまいました．

慌てて，金型メーカーに修理を依頼したところ，納期がかかることと，摩耗がひどいため，新品の金型を作ったほうが安いとまで言われてしまいました．

▶診断結果

メンテナンスを軽視していたものと診断します．

設備や金型など，メンテナンスをきちんとやれば，適正な状態を長く維持できます．しかし，メンテナンスにはやはりコストがかかりますので，目先のことだけを考えるとどうしてもメンテナンス費用を抑えたい衝動に駆られます．

長い目で考えれば，必要なメンテナンスをしなければならないことは明らかなのですが，現場を知らない経営層がいたりすると，このような症状が現れます．

ISO 9001 の 7.1.3 では，適切な運用は“製品及びサービスの適合を達成するために必要なインフラストラクチャを明確にし，提供し，維持しなければならない．”と要求しています．

この維持というのは，英語で“maintain”のことで，まさしくメンテナンスのことになります．提供するだけでなく，適切にメンテナンスすることを求めているのです．

定期的なメンテナンスを確実に行えば，設備は長年に渡り，正しく機能し，多くの利益をもたらします．

▶対応方法

まず，設備を含むインフラストラクチャについて，有効なメンテナンス方法を検討します．メンテナンスの外部委託が必要な場合もあるでしょう．組織でできるものは組織でメンテナンス方法を取り決めて実施します．

日常的な管理としては，設備点検チェックシートなどの活用も有効な方法です．管理対象は，設備だけではありません．ISO 9001 の 7.1.3 では，注記にインフラストラクチャの例が次のように示されています．

a)　建物及び関連するユーティリティ

b)　設備．これにはハードウェア及びソフトウェアを含む．

c)　輸送のための資源

d)　情報通信技術

例えば，a) のユーティリティには電気，ガス，水などが含まれます．電気の例では，瞬間的な停電や長期に渡る停電への対応が考えられます．自家発電設備の導入が検討されるかもしれません．

▶予防策

『JIS Q 9002:2018 品質マネジメントシステム―JIS Q 9001 の適用に関する指針』の 7.1.3 では，インフラストラクチャについて説明しています．この説明で参考になるのは，インフラストラクチャの明確化，提供，維持が異なるプロセスや機能によって実行される可能性を示していることです．

例えば，工程設計プロセスで必要な設備を明確にし，購買プロセスによって取得及び提供され，製造プロセスで，設備を維持（メンテナンス）します．

このように，インフラストラクチャの管理は，特定のプロセスだけでなく，部門横断的に考慮していくことが望まれます．

また，『2015 年改訂対応 小規模事業者のための ISO 9001 何をなすべきか―ISO/TC 176 からの助言』（日本規格協会）の 7.1.3 で，インフラストラクチャの対応事例が示されていますので紹介します．この対応事例から学べるのは，インフラストラクチャの対象を幅広く捉えることが大切であるということです．

> バス運行サービスを提供する輸送会社では，バスの車両自体，バスの車庫，燃料補給設備だけでなく，顧客に改正後の時刻表を伝えるための技術（例えば，ウェブサイトに掲示する，又は要求に応じて顧客の携帯電話に更新を送信する）も検討する必要があります．

診断事例 19　プロセスの運用に関する環境（7.1.4）

▶症　状

D社は家具を製造しています．主な顧客はインテリア製品の量販店で，設計は量販店が行い，その仕様に基づき，製造しています．従業員は30人ほどで，納期対応の柔軟性により，顧客から高い評価を得ています．

顧客の信頼をさらに得るためにISO 9001認証を取得しました．しかし，納期対応については信頼が得られているものの，製品の品質については必ずしも良い評価が得られていません．特に，塗装面に埃や髪の毛などの異物が付いていることが多く，ユーザーからのクレームにもなっています．

同社は，品質マニュアルを作成していて，作業環境の項には，作業前の清掃と工具の整理・整頓を行うこととなっていました．確かに現場では，作業前に清掃が行われ，工具もきれいに整理・整頓されていました．

▶診断結果

ISO 9001の7.1.4の要求事項に対して，整理・整頓・清掃をやればよいだろうと安易に考えてしまったものと診断します．

ISO 9001の7.1.4では“組織は，プロセスの運用に必要な環境，並びに製品及びサービスの適合を達成するために必要な環境を明確にし，提供し，維持しなければならない．”と要求しています．**製品の適合を達成するために環境を整えなければならない**のです．

D社では，塗装面に異物が付いてしまうということなので，製品の適合は達成できていません．塗装面に異物が付かないように，作業環境を整えないといけないのです．

▶対応方法

異物が塗装面に付かないような作業環境を検討していく必要があります．

塗装以外の工程としては，前工程には，材料の切断，研磨，組立があり，後工程には，梱包があります．

塗装面の異物は，前工程からの粉塵や埃，作業員の髪の毛が主なものとなっています．

したがって，塗装工程をビニールカーテンなどで隔離し，空気清浄機を設置しました．また，髪の毛を覆う帽子と埃の立たない作業着を用意し，作業員に着用してもらうようにしました．

▶予防策

ISO 9001 の 7.1.4 の注記では，適切な環境について三つの要因の組合せであり得ることが記載されています．それは，a) 社会的要因，b) 心理的要因，c) 物理的要因であり，この事例のケースは，物理的要因が該当します．

c) 物理的要因の代表的な例としては，食品製造業では，衛生管理や温度管理など，研修サービスでは，騒音のない静かな研修会場が必要になります．また，外観検査を実施する場合，適切な照度を維持する必要があります．

a) 社会的要因と b) 心理的要因は，人的要因ということになります．

『JIS Q 9002:2018 品質マネジメントシステム—JIS Q 9001 の適用に関する指針』の 7.1.4 では，人的要因の対応事例として，“従業員の高い作業負荷及びストレスを避ける”“パイロットの飛行時間を制限する，又は輸送サービス及び流通サービスに従事する者の運転時間を制限する”などを挙げています．

診断事例20 監視及び測定のための資源（7.1.5.1）

▶症 状

E社は，住宅用木材の加工を行っています．従業員は50人ほどで，顧客は木造住宅の施工会社です．

顧客の要求があり，ISO 9001認証を取得しましたが，トップマネジメントである社長は，材木屋にISO 9001などいらないと言っており，社員のモチベーションを下げています．そのような状況もあって，ISO 9001の要求事項をとりあえず満たして，認証をとりあえず維持していればよいという雰囲気になってしまいました．

ある年のISO 9001認証審査で，審査員が現場で測定にかかわる業務を審査していました．最近，プラスチックとの複合材が増えていて，その寸法仕様が厳しくなってきています．その複合材の製品をサンプリングして審査が進められました．寸法仕様には，1 000 mm±0.1 mmと規定されていましたが，それを金属製直尺（ものさし）で測定していました．金属製直尺は，0.5 mm単位の目盛りしかありませんでした．

▶診断結果

さすがに0.5 mm単位の金属製直尺で0.1 mmを正しく読み取れません．顧客が要求する製品仕様に対し，適切な測定機器を検討する仕組みが不足していたと診断します．

ISO 9001の7.1.5.1では，監視及び測定のための資源に対し，“**a) 実施する特定の種類の監視及び測定活動に対して適切である．**”ことを要求しています．

▶対応方法

顧客の仕様が明らかになったときに，その仕様を関係者で確認する場がありますので，そこで測定が適切にできるかどうかについても検証することとします．

間違いなく検証するために，従来から使用していたチェックシートに測定方法の欄を設け，検証し，記入することとします.

▶予防策

『JIS Q 9002:2018 品質マネジメントシステム—JIS Q 9001 の適用に関する指針』の 7.1.5.1 では，監視及び測定について説明しています. この事例は測定が対象でしたが，監視についての説明もされています.

監視とは，観察，監督及び確認を意味していて，例えば，正しい数量があることやその注文が完了していることを確実にするための単純な確認，顧客とコールセンターとの会話を録音しておくこと，提供された食事及びサービスに満足したかどうかをウエイターが顧客に尋ねることも監視になると説明しています.

測定だけでなく，監視についても適切に行われるように考慮することが大切です.

診断事例21　測定のトレーサビリティ（7.1.5.2）

▶症　状

F社は，冷凍シューマイの開発及び製造をしています．顧客は，大手の冷凍食品会社で，OEM供給をしています．危害要因分析重要管理点（HACCP）の衛生管理手法を取り入れていましたが，顧客からISO 9001認証も要求されたので，取得しました．

製造工程では，シューマイの寸法と重さを管理しており，定期的に抜き取り，測定していました．寸法も重さも顧客の仕様で厳しく決められていました．寸法はデジタルノギスを使用し，重さは電子はかりを使用しています．

ISO 9001の7.1.5.2 b）には，校正状態を明確にするために識別を行うことが要求されていたので，インターネットで測定機器の識別に関する情報を調べたところ，測定機器にシールを貼って管理していた事例を見つけ，それを実行することにしました．

しかし，測定機器に校正期限を記載したシールを貼ってみたものの，製造工程の湿度が高いせいなのか，よくシールが剝れてしまいました．運悪く，製品に混入して，クレームとなったことも何度かありました．品質管理担当者も，ISO 9001は工業製品向けなので，食品産業には向かないのではないかと悩んでいます．

▶診断結果

シールは金属探知機では検出できないため，食品に混入してしまったら，わからなくなってしまいます．間違って口の中に入れてもすぐ気付くでしょうし，仮に食べてしまっても，健康上の被害はそれほど大きくはないかもしれませんが，消費者は二度とそのシューマイを買うことはないでしょう．この事例は，ISO 9001の要求事項の意図を読み取れず，堅い対応をしてしまったものと診断します．また，インターネットの事例を鵜のみにしてしまったのもよくありません．

ISO 9001 の 7.1.5.2 b) では，校正や検証の状態を明確にするために識別することを要求しています．この要求事項の意図は，**校正や検証がされていない期限切れなどの測定機器を使用しないようにする**ことです．したがって，これを防ぐ手順を確立しておけばよいことになります．測定機器そのものに識別をしなさいということではありません．

F 社の品質管理担当者は，ISO 9001 は工業製品向けと思い込んでいるようですが，決してそのようなことはなく，あらゆる業種，業態，規模の組織に適用できます．

▶対応方法

食品産業にかかわらず，様々な産業分野でよく見かける事例です．測定機器にシールを貼るだけでも大変な作業なのに，それが製品上のリスクを発生させているというのは，なんともやるせないです．

測定機器には，通常，固有のシリアルナンバーが消えないような形で印字されています．このシリアルナンバーによって識別し，校正状態は記録を確認することで知ることができます．ただし，測定機器にシールを貼らないほうがよいということではありません．

シールが剥れることによるリスクが小さい場合は，シールが貼ってあったほうが管理しやすいし，使用する人はすぐに気付きます．どのように管理するのがベストなのかを検討することが望まれます．

また，測定のトレーサビリティが要求されている場合，国際計量標準や国家計量標準に対してトレーサビリティが必要になるということで，測定機器ごとに国際計量標準とのトレーサビリティ証明書を入手している例をよく見かけます．

校正の委託先である校正事業者が JCSS（計量法校正事業者登録制度）などの認定校正事業者で，認定範囲の校正であれば，国際計量標準や国家計量標準とトレーサビリティがとれていることが証明できます．

▶予防策

『JIS Q 9002:2018 品質マネジメントシステム—JIS Q 9001 の適用に関する指針』の 7.1.5.2 でも，校正状態の識別について，次のように柔軟な対応を説明しています．

> 識別は，測定機器自体に付けてもよいかもしれないし，測定機器の容器に付けてもよいかもしれないし，又は，データベースで照合できる固有の識別手段の，機器への使用など，その他の管理手段によってもよいかもしれない．

診断事例 22　組織の知識（7.1.6）

▶症　状

G 社は，恒温恒湿槽などの環境試験器の設計，製造及び据付けをしています．従業員は 900 人で，全国に営業所があります．ISO 9001 認証は，顧客の信頼を得るためと自らの動機で取得しました．

ISO 9001 の 7.1.6 への対応として，各営業所で行われている据付け工事における失敗事例を蓄積することにしました．実際，過去の失敗は教訓となり得るので，どんな小さな失敗でも，きちんと蓄積しようと全社員が協力し，社内情報通信システムのデータベースに入力しました．おかげで大量のデータが蓄積されました．

ある年の ISO 9001 認証審査で，審査員は組織の知識についてどのようにしているのかを営業所の担当者に確認しました．営業所の担当者は，パソコンを使って大量に蓄積されたデータを審査員に見せました．審査員は，日付，顧客名，場所，失敗内容，担当者が入力されているのを確認しました．スプレッドシートに 1 件 1 行ずつ入力され，それが何万行にもなっています．

審査員は「この何万行もあるデータをどのように利用するのですか？」と尋ねたところ，営業担当者は，ただ首をひねるだけでした．

▶診断結果

小さな失敗までも蓄積することは良いことなのですが，それを活用する方法まで考慮できなかったものと診断します．ISO 9001 の 7.1.6 でも必要な知識を明確にしたうえで，必要な範囲で利用できる状態にしておくことを要求しています．

知識の蓄積の具体的な例としては，設計にかかわる知識は設計標準に蓄積していくことや，過去のトラブルとその解決策を一覧にしておくことがあります．現場の改善活動を記録しておくことも皆で培った知識を蓄積することになります．

しかし，**いくら必要な情報を蓄積していても，活用できなければ意味がありません**．G 社においても，蓄積した知識を活用する方法を検討しなければなりません．

▶対応方法

小さな失敗やヒヤリハットなどを収集して蓄積しようとしても，なかなかできていない組織が多い中，G 社は，きちんと小さな失敗を蓄積できているので大変すばらしいことです．後はそれを活用できる方法を考えましょう．

例えば，失敗事例をいくつかに分類したり，ランク付けをしたりすることも有効でしょう．また，ランクが高い（悪影響が大きい）ものついては，社内情報通信システムを利用し，全社に展開する，月次で概要を報告することなども考えられます．

さらに，よく発生している典型的な失敗については，新人教育の資料として活用するとよいでしょう．

▶予防策

『JIS Q 9002:2018 品質マネジメントシステム―JIS Q 9001 の適用に関する指針』の 7.1.6 では，組織の知識を明確にし，維持し，利用できるようにするにあたり，考慮するとよいとされる事項を次のように挙げています．

a）失敗，ニアミス状況及び成功から学ぶ．

b）顧客，外部提供者及びパートナから知識を収集する．

c）例えば，指導，伝承の計画を通じて，組織内に存在する知識を把握する．

d）ベンチマークを行う．

e）イントラネット，図書室，気付きのためのセッション，ニュースレターなど．

診断事例 23　力量（7.2）

▶症　状

H 社は，金属加工に使用される切削工具の設計及び製造をしています．従業員は 200 人で，切削工具の製造にはかなりのノウハウがあり，作業員の力量が求められています．

顧客から要求はされなかったものの，信頼を得るために ISO 9001 認証を取得しました．しかし，製造ノウハウと製造要員の技能に自信があったためなのか，ISO 9001 の 7.2 の要求事項をまじめに考えることをしませんでした．

力量については，新人教育のときに教育資料を使って座学を行っていたので，その記録を残すことにしました．有効性の評価については，教育の記録に有効性評価の欄を設けて記録することにしました．

ある年の新人教育では，12 人が参加していましたが，教育記録には教育日，参加者名，講師名，教育内容があり，それぞれ記入されて，有効性評価の欄には「あり」とだけ記入されていました．

▶診断結果

力量の有効性評価の意図が理解されていないと診断します．このように，教育した記録に教育そのものがよかったとして有効性「あり」としている例を時々見かけます．

ISO 9001 の 7.2 では，仕事に求められる知識や技能などの力量を定めて仕事をする人に，その力量を身に付けさせることを要求しています．力量を身に付けさせる手段には，教育，訓練がありますが，他にも，力量を身に付けている人を配置転換させたり，組織内にいなければ，新たに採用したり，外部に委託したりすることがあるでしょう．

さらに，**これらの力量を身に付けさせる手段が本当に効果的であったのか，すなわち所定の力量がもてたのか，あるいは力量を本当にもっているのかを確認することも要求している**のです．

したがって，教育記録に有効性「あり」と記入するだけでは，上記の意図を満足することができないばかりか，自信のある製造要員の技能が維持できなくなる可能性があります．

▶対応方法

まず，実際にどのように製造要員の技能を見極めているのかを確認します．その結果，基本的な製造と安全に関する知識のための新人教育を行い，OJT（On the Job Training）で技能をもたせるようにしていました．その後，訓練中の要員が所定の技能をもつことができたのかどうかを，実際に作業させて，製品のできばえを上長が確認していました．

確認結果は人事評価表に記録されていますので，それが力量の証拠となるでしょう．誰がどの作業ができるようになったのかを明らかにするために，スキルマップを作成していました．

品質マネジメントシステムとして明確にされていませんでしたが，実際に行っていることは，ISO 9001 要求事項の意図を満たしていることになります．したがって，現状行っていることを品質マネジメントシステムに取り入れて，整備すればよいでしょう．

▶予防策

『JIS Q 9002:2018 品質マネジメントシステム—JIS Q 9001の適用に関する指針』の7.2では，力量を明確にする対象者の例として“管理職，現職従業員，臨時従業員，下請負業者，外部委託された人々”を挙げています．

正規社員と派遣社員とがまったく同じ作業をしているにもかかわらず，正規社員のみ力量の評価を行っている例がありますが，それでは良くないことがわかります．

また，力量の証拠の例として“卒業証書，免許，履歴書，教育訓練の修了証，パフォーマンスレビュー記録”が挙げられています．特別に様式を定めて，何か記録をとらなければならないということではないのです．

診断事例 24　認識（7.3）

▶症　状

J 社は，家電や自動車に使用される精密プラスチック部品を製造しています．従業員は 100 人で，顧客の要求により ISO 9001 認証を取得しました．

ある製造ラインでは，埃などの異物の付着を防ぐため，クリーンルームで清浄度を管理しています．そこでは，直径 10 mm 程度のフィルター状の部品を製造しており，重要部品なのかどうかわかりませんが，最終工程で全数検査を実施しています．

全数検査は，外観検査で 10 人ほどの検査員が拡大鏡を使って，部品の表面に異物が付着していないかを確認しています．

異物は極めて小さく，一度付着すると容易には取れないので，異物が付着している部品は，不適合品として分別して廃棄しています．

ある年の ISO 9001 認証審査での審査員と検査員とのやり取りです．

審査員：どのような検査をしているのですか？

検査員：フィルターに異物が付着しているかどうかを拡大鏡を使って，目視で確認しています．

審査員：異物が付着していたら，どうするのですか？

検査員：不適合品として，不適合品箱に入れて分別し，検査終了時に廃棄処理します．

審査員：もし，異物を見つけられなかったり，あるいは異物が付着していた部品を誤って適合品にしてしまったりしたら，どうなるのですか？

検査員：えっ？　う～ん…わかりません．

審査員：ところで，この部品は，最終的に何に使われるかご存知ですか？

検査員：いえ，知りません．

審査員は，他の検査員にも聞いてみたのですが，同じ結果でした．仕方がないので，審査員は課長に聞いてみたところ，自動車のブレーキシステムに使用するもので，重要保安部品の扱いとなっていることがわかりました．異物が付着していると，点検周期よりも早く詰まってしまう可能性があるとのことでした．

▶診断結果

自分がやっている仕事の目的をよく理解していなかったと診断します．働く動機付けがないと陥りやすい症状です．言われたことを何も考えずにただやっていればよいと考えて仕事をしていることになりますが，それではつまらない職業人生となってしまいます．

何のためにこの仕事をするのか，何のためにこの作業をするのかという目的をきちんと認識することが有意義な職業人生となるばかりでなく，製品やサービスの適合性の維持や品質マネジメントシステムの改善がうまく進むことが期待できます．

ISO 9001の7.3 d）では，組織の管理下で働く人々に対して，“品質マネジメントシステム要求事項に適合しないことの意味”を認識させることを求めています．

これは，品質マネジメントシステムで定められたルールや手順に従っていないことが，どのような影響を及ぼすのかを認識している必要があるということです．例えば，定められた手順どおりに作業しなかったら，後工程や顧客にどのような迷惑をかけるかがわかっているということです．

▶対応方法

まず，自分たちの仕事の目的を理解してもらうことが大切です．これは全ての仕事に対して必要なことです．組織によっては，作業標準書に明記しているケースもあります．作業の目的，異常時の処置，不適合製品が流出した場合の後工程や顧客への影響について明記することで，認識が確実になることでしょう．

この事例においては，後日，課長から検査員全員に「フィルター状の部品は自動車のブレーキシステムに使用するもので，異物が付着したものが流出した場合，最悪，自動車事故につながる」ことを伝えました．検査員は「そんなに重要な部品なのだから，きちんと検査をしなければならない」とあらためて思ったそうです．そして，検査作業標準書にもその旨を追記しました．

▶予防策

『JIS Q 9002:2018 品質マネジメントシステム—JIS Q 9001 の適用に関する指針』の 7.3 では，品質マネジメントシステムに不適合があった場合について，どのような影響（例えば，手直し，スクラップ，顧客の不満足，法律的な影響）が生じるかを理解することを推奨しています．また，認識を形成させる方法の例として，次を挙げています．

a） 何が期待されているのかを明らかにする（例えば，合格及び不合格の製品及びサービスの写真などの視覚的手段）．

b） 製品及びサービスに関して明確な要求事項を伝達する．

c） 不適合なアウトプットを明確に隔離するようにプロセスを設計する．

d） 苦情をどのように扱うか，不適合なアウトプットがあった場合の内部での上申手順を明確に伝達する．

診断事例25 コミュニケーション（7.4）

▶症 状

K社は，建設機械や自動車向けの金属部品の熱処理加工を行っています．従業員は120人で，顧客の要求によりISO 9001認証を取得しました．主な顧客は，建設機械メーカーや自動車会社の一次供給者（Tier 1）です．

社内会議がよく行われており，品質マネジメントシステムのコミュニケーションとして様々な会議が位置付けられています．顧客もよく同社に訪問して会議が行われています．

会議を行った場合は，議事録を残すことがルールとして定められており，毎回の会議で書記を決めて，議事録をとっています．会議が終わった後にワープロで清書して印刷したものを回覧し，関係者が押印することで確認した証拠としていました．

ところが，議事録をワープロで清書するのに大変な時間がかかります．例えば，ホワイトボードを使って会議が進められた場合，そのコピーをとってそれに基づいて，さらにワープロを打つという作業をしています．会議の数もたくさんあるので，かなりの時間を使って議事録が作成されている状況です．

また，議事録の回覧も大勢のためか，とても時間がかかります．最終的に戻ってくるのは，下手をすると1か月かかったりします．そして，回覧の表紙は，まるでスタンプラリーのようになっています．

▶診断結果

社内情報通信ネットワークを使って，コミュニケーションをとることは大変効率的ですが，会議で顔を突き合わせてディスカッションするのも，うまくコミュニケーションをとるために必要なことだと思います．

しかし，会議の議事録の残し方に非常に「ムダ」があるものと診断します．

後で議事録をワープロで清書するとなると，見た目のきれいさはあるものの，やはり時間がかかりすぎます．

ISO 9001 の 7.4 では，特に会議の議事録の要求はありません．必要に応じて作成すればよいのです．ただし，議事録がないと決定事項があいまいになってしまい，関係者にうまく伝達できなくなるおそれがあります．

そもそも**議事録は，会議における決定に至るまでのプロセスと決定事項の共有化が主な目的**なのです．

▶対応方法

議事録の目的は，会議における決定に至るまでのプロセスと決定事項の共有化でした．ということは，この目的さえ満たせば，手段はどのようなものでもよいということになります．

ホワイトボードを使用して議論したり，決定事項を記述したりしている場合は，ホワイトボードがコピーのできるタイプであれば，そのコピーを議事録にすればよいでしょう．あるいはホワイトボードの写真を撮って，それを議事録としても十分です．

また，決定事項を関係者で確認するのも，回覧ではスピードが遅くなってしまいます．電子メールに添付して配付したり，社内情報通信システムで共有したりするのもよいでしょう．

▶予防策

『JIS Q 9002:2018 品質マネジメントシステム—JIS Q 9001 の適用に関する指針』の 7.4 では，コミュニケーションに関して，組織の人々に次の能力を与えることがよいとしています．

—情報を速やかに発信・受信し，その情報に対処する．

—互いの信頼を築く．

—顧客満足，プロセス，パフォーマンスなどの重要性を伝える．

—改善の機会を特定する．

組織で日々生じている様々な問題は，実はコミュニケーション不足が原因となっていることが多いです．したがって，効果的なコミュニケーションの仕組みを整備することは大変重要です．

『JIS Q 9004:2018 品質マネジメント―組織の品質―持続的成功を達成するための指針』の 7.4（コミュニケーション）では，“組織のコミュニケーションプロセスは，垂直と水平との両方で機能”することが望ましいとされています．

これは，組織のタテとヨコということで，タテは，トップマネジメントから組織の第一線へのトップダウンとフィードバックとしてのボトムアップを機能させ，ヨコは，組織横断的，部門横断的にコミュニケーションをとって，組織の風通しを良くすることを意図しています．

診断事例 26　文書化した情報（7.5.1）

▶症　状

L社は，鉄鋼製品の溶接や切断などの加工をしています．大手鉄鋼会社の二次下請けをしています．大手鉄鋼会社の品質向上活動の一環として，協力会社に ISO 9001 認証取得を推奨してきた経緯もあり，同社も ISO 9001 認証を取得しました．従業員は 30 人で，ほとんどが現場の職人です．

ISO 9001 認証の取得にあたり，大手鉄鋼会社の支援を受けました．大手鉄鋼会社の品質保証部門の担当者はとても親切で，自社の文書のサンプルを惜しげもなく同社に渡しました．同社はありがたく受け取り，文書に記載されている社名を変更するだけで，何の苦労もなく仕組みが整いました．

しかし，大規模な大手鉄鋼会社の文書体系なので，規程だけでも 30 あり，下位文書の要領は 150 以上ありました．毎年の ISO 9001 の認証審査では，審査員から「こんなにたくさんの文書が本当に必要ですか？」といつも言われていますが，今さら変えることは難しい状況です．

▶診断結果

他社やインターネットの情報をアレンジもせずに文書をそのままコピーした結果，組織の規模にそぐわない文書体系となってしまったものと診断します．

大規模な企業グループやサプライチェーンの比較的小規模な組織でよく発生します．品質マネジメントシステムの構築，維持，改善には，ある程度の人的資源が必要になりますが，小規模な組織の場合，人数も少ないのでなかなか時間が割けません．そうなると手っ取り早く，他社の事例を手に入れて，そのままやってしまうことになるのです．

比較的大きな規模の組織でも，やたらと事例を欲しがり，自分で考えることをしない人がいます．どうしても欲しいということで事例を見せると，何も考えずにそのまま採用してしまうことがあり，とても困ります．あくまでも参考程度に考えなければなりません．

▶対応方法

荒療治が必要です．組織にそぐわない文書を少しずつ削減したり，修正したりするのは正直難しいです．ここは**思い切って文書を全部なくすつもりで，ゼロから立て直したほうがよい**でしょう．そして，必要と判断した文書を作成していけばよいのです．

ISO 9001の7.5.1では，次の二つの文書化した情報（文書と記録のこと）の作成を要求しています．

a)　この規格が要求する文書化した情報

b)　品質マネジメントシステムの有効性のために必要であると組織が決定した，文書化した情報

a) は，ISO 9001が要求する文書化した情報で，記録に相当するものはいくつかあるのですが，文書に相当するものはわずか三つしかありません．品質マネジメントシステムの適用範囲と品質方針と品質目標だけです．さらに，手順書の要求はありません．

b) は，必要と判断した文書と記録を作成しなさいということなので，組織が選択することができます．

ISO 9001というと，やたらに文書をつくらなければならないというイメージがありますが，案外そうではなく，自由度があるのです．

▶予防策

『JIS Q 9002:2018 品質マネジメントシステム―JIS Q 9001の適用に関する指針』の7.5.1では，文書化した情報の程度について，わかりやすい説明をしていますので，一部を紹介します．

> 例えば，小さなパン屋が必要とする文書化した情報は，外部からの文書化した情報を含む，システムに組み込まれる非常に特殊な顧客要求事項（又は法令・規制要求事項）をもつ自動車部品製造業者が必要とする文書化した情報よりも，単純で，範囲が狭いであろう．

診断事例 27　作成及び更新（7.5.2）

▶症　状

M 社は，建築用塗料の開発及び製造をしています．従業員は 100 人ほどで，顧客は建築資材問屋，ホームセンターなどです．品質で競争優位に立つことを期待して，ISO 9001 認証を取得しました．

同社は，社内情報通信システムが充実しており，仕事は全てワークフローシステム（電子決裁システム）に則って進められています．しかし，品質マネジメントシステムにかかわる文書については，承認の印鑑を押さなければならないと考えており，せっかくワークフローシステムに則っていても，わざわざ書類を印刷して印鑑を押して保管していました．

いちいち印刷して印鑑を押す手間もさることながら，書類を保管する場所が足りなくて，とても困っています．

▶診断結果

文書化した情報，つまり文書や記録は紙媒体でなければならないと思い込んでいるものと診断します．

文書化した情報は，電子媒体でも構いません．事実，ISO 9001 の 7.5.2 b) では，適切な形式と媒体を確実にすることを要求しており，媒体については，“例えば，紙，電子媒体”と説明しています．

さらに c) では“適切性及び妥当性に関する，適切なレビュー及び承認”の確実な実施を要求しているため，文書に確認印や承認印を押さなければならないと考えてしまったのでしょう．

ある組織では，電子媒体で運用しているものの，作図ソフトで作成した印鑑の画像を貼り付けて運用していましたが，その画像は誰でも作成できるので，どれほどの意味があるのかわからないです．

▶対応方法

紙媒体よりも電子媒体のほうが便利だということは誰でも思っていることでしょう．ワークフローシステムも品質マネジメントシステムの一部として運用します．そこで作成される電子媒体の文書も品質マネジメントシステム文書として管理します．ISO 9001 認証審査のときには，電子媒体のまま，ディスプレイやスクリーンを使って説明すればよいのです．

電子媒体で運用することを検討されているときに，よく質問があるのは「確認や承認はどのように残せばよいのですか？」というのがあります．ISO 9001 の 7.5.2 c) では**“適切なレビュー及び承認”は要求していますが，印鑑やサインまで要求しているわけではありません．**

ワークフローシステムであれば，システム的に確認や承認ができているでしょうし，電子メールでも，必要ならば過去のやり取りを見れば，確認や承認がされたのかはわかります．あまり堅く考えずに，仕組みを整えることが大切です．

▶予防策

『JIS Q 9002:2018 品質マネジメントシステム―JIS Q 9001 の適用に関する指針』の 7.5.2 においても，文書化した情報の媒体の提供について，“ハードコピー若しくは電子的媒体又はそれらの両方を用いることができる．”としています．

診断事例 28　文書化した情報の管理（7.5.3.1）

▶症　状

N 社は，工業用化学品の開発及び製造をしています．品質マネジメントシステムの適用範囲である事業所の従業員は 3 000 人ほどです．顧客は製造会社で，業種は多岐に渡ります．ISO 9001 認証は事業所ごとに取得しています．

品質マネジメントシステム文書は，規程類など数多くあり，改訂のたびに配付し，旧版を回収しています．配付管理台帳に記帳するのに大変な労力がかかっているのが，ISO 事務局としての悩みとなっています．

電子媒体も運用していて，社内情報通信システムによって閲覧することはできるのですが，ダウンロードも印刷もできないようになっています．紙媒体の文書が正式版ということになっていて，ISO 事務局から管理版の印鑑を押したものを配付しています．配付先の部署では，管理版のコピーは禁止されていて，コピーが必要なときは，ISO 事務局に非管理版の印鑑を押したものを配付してもらっています．

これらの作業がとてつもなく面倒なために，また，文書の改訂を減らすために，内容を細かく決めずに，あいまいな表現にすることが多くなってきており，文書を作成する意味がなくなってきています．

▶診断結果

これだけ情報通信システムが発達しているのに，文書管理だけは旧態依然となっているものと診断します．

実は，このような症状をもつ組織は意外と多く，**情報通信システムを活用して，もっと効率化を図るべき**です．こうなってしまった背景には，文書化した情報の管理についての学習が足りないことによるでしょう．

N 社は，1990 年代中頃に認証取得したため，紙媒体での管理を前提として文書管理の仕組みを構築したのでした．その後，情報通信システムが発達してきたにもかかわらず，品質マネジメントシステムの文書管理システムを見直そうとしなかったことが，このような事態を招いていると考えられます．

▶対応方法

ISO事務局から紙媒体で配付するのをやめます．社内情報通信システムにアップロードすることで，最新版がいつでも見ることができます．もちろん勝手に内容を変えることができないようにしたり，外部に流出しないような機密保持の管理をしたりすることが大切です．

関係者全員にタブレット端末が配付されているわけではなく，時折，文書を印刷して使いたいときがあるようですので，アップロードされた品質マネジメントシステム文書を印刷できるようにしておきます．

印刷したときは「この文書は非管理版です．最新版であることを確認してから使用してください」という文言が記載されるようにしておけば，旧版を間違って使用することを防いでくれます．

▶予防策

『JIS Q 9002:2018 品質マネジメントシステム—JIS Q 9001の適用に関する指針』の7.5.3.1においても，電子媒体を想定して，文書化した情報の保護を確実にすることを推奨しています．

方法としては様々あり，“読取り専用アクセス，及び様々なレベルにアクセスするための所定の許可，パスワード保護又は識別情報（ID）入力による電子的システム”を挙げています．

診断事例 29　文書化した情報の管理（7.5.3.2）

▶症　状

P 社は，ボールベアリングのアウターケース及びインナーケースの切削加工をしています．従業員は 30 人ほどです．顧客の要求により，ISO 9001 認証を取得しました．

切削加工は，顧客の図面に基づき行います．図面は，顧客から支給されており，棚に収納しています．顧客からは，新しいバージョンの図面が送られてきますが，古いバージョンの旧図面については，同社で保管するように指示されています．

しかし同社では，社内文書の管理はそれなりにできているのですが，顧客図面の管理が悪く，旧図面で間違えて加工してしまうことも多々あります．顧客からは，図面の管理を徹底するように何度となく指摘されています．

▶診断結果

顧客図面を品質マネジメントシステムの外部文書として管理できていないものと診断します．

品質マネジメントシステムで使用する外部文書を明確にして，組織内部で使用する文書と同様に管理しなければなりません．

▶対応方法

配付される顧客図面の管理方法を決定します．

顧客図面の管理部署は，品質管理課として，課長が責任をもって行います．受け取った顧客図面を図面棚に識別をして収納します．新しいバージョンの図面が来たときは，図面棚に収納し，旧図面は，旧版の図面棚に移動し，引き続き保管します．

旧図面を保管しておくのは，製品が市場でクレームとなったときに，部品に対して原因究明しなければならないケースもあり，旧図面が必要となることもあるからです．また，顧客図面の管理台帳をパソコンで作成し，管理することにしました．

これらの責任及び権限，手順を品質マニュアルに明確にしました．

▶予防策

『JIS Q 9002:2018 品質マネジメントシステム―JIS Q 9001 の適用に関する指針』の 7.5.3.2 では，外部からの文書化した情報の例として，“図面，所定の試験方式，サンプリング計画，標準，校正報告書などの，顧客又は外部提供者からの文書化した情報が含まれ得る．”ことが示されています．

第 8 章　運用の診断

運用に潜む「ムダ」となっている部分について診断します．ここは，人間の身体でいうと運動能力を司る部分です．製造業ではものづくり，サービス業ではサービス提供が該当し，最も活動的な部分となります．この部分で悪いところがあると，直接的に製品やサービスに影響するので，気を抜けません．

“8.1 運用の計画及び管理”は，顧客が要求を満たした製品やサービスを提供するために，何をすべきかを前もって決める部分です．その部分を**図 8.1** に示します．

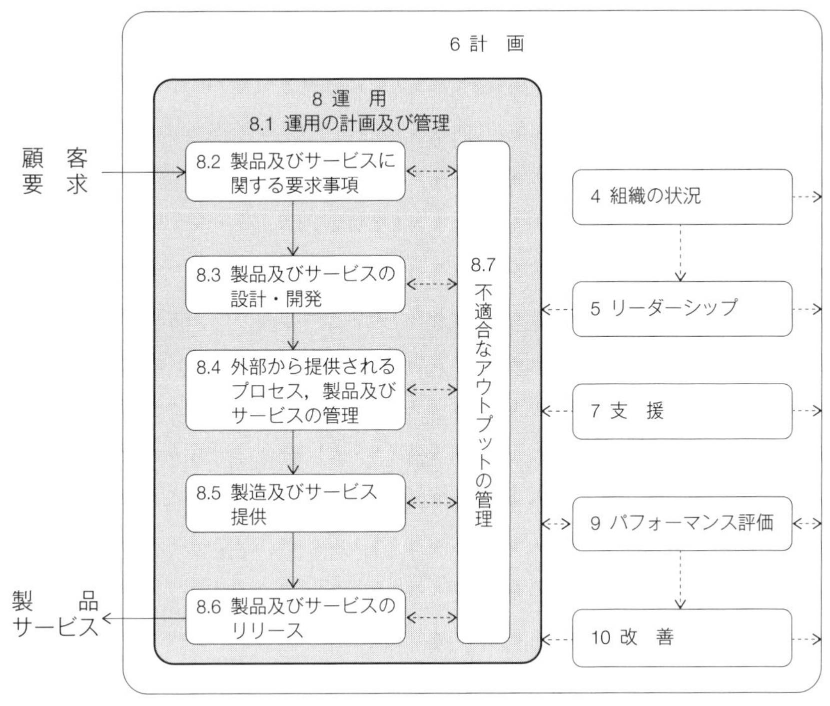

図 8.1　運用の計画及び管理の診断部分

診断事例 30　運用の計画及び管理（8.1）

▶症　状

A 社は，玩具の開発及び製造をしています．主な顧客は，量販店，デパートです．従業員は 500 人ほどで，業界他社の ISO 9001 認証取得に刺激を受けて認証取得しました．品質を確保するための認証を取得したわけですから，経営者の期待も大きかったのです．

玩具のユーザーはもちろん子供たちです．子供たちは新しいものが好きなので，売上げを伸ばすためには，新製品をどんどん企画，開発し，販売していくことが鍵となります．

しかし，新製品を上市するたびに，販売後に不具合が見つかり，拡販するどころか，回収などに労力を費やすことになり，売上げと利益の減少が問題となっていました．ISO 9001 の認証を維持しているものの，新製品の不具合は減ることはなかったのです．

このような状況が続いたので，経営者は，ISO 9001 認証制度の効果を疑い始めました．

▶診断結果

運用の計画の対象である設計・開発プロセスの計画に問題があります．ISO 9001 の“8.3 製品及びサービスの設計・開発”の要求事項を表面的に満たしているだけで，有効なデザインレビューが実施されていないと診断します．つまり，本来意図するデザインレビューができていなかったのです．

デザインレビューは，設計・開発段階で様々な部門から参加したメンバーが知恵を集めて次の段階に進めてよいかどうかを協議する場です．

しかし，実際にはデザインレビューという名が付いた会議は実施していたものの，開発担当者だけで形式的に実施していて，デザインレビューの機能が果たされていませんでした．

さらに，設計・開発段階で試作や量産試作が十分に行われず，製品や工程の妥当性確認が不十分であることがわかりました．開発担当者が机上の試験でわずかなサンプルだけで問題ないと判断し，そのまま製造部門に引き渡した結果，量産が始まると途端に不具合が発生するということを繰り返していました．

企画，製品設計，工程設計と量産に至るまでのプロセスの見直しが必要です．

▶対応方法

製品品質計画の仕組みの再構築を抜本的に行うこととしました．ISO 9001 要求事項では 8.1 が該当し，特に見直しが必要なのは運用の計画部分となります．

企画，製品設計，工程設計と量産に至るまでのプロセスで，どこでどのようなデザインレビューを行うかを検討しました．デザインレビューは，DR 0 から DR 6 までそれぞれのデザインレビューに必要なインプット情報とアウトプットを明確にし，参加メンバーも取り決めました．

また，試作，量産試作の実施については，客観的なデータで統計的に判断するようにしました．さらに，統計的手法についての教育も実施しました．わずかなサンプルで判断するのではなく，十分なデータを収集すること，もし十分なデータがそろわない場合は，統計的に適切に評価することなども取り決めました．

さらに，それらの取決めを製品品質計画規程として整備し，社内で共有しました．

▶予防策

『JIS Q 9002:2018 品質マネジメントシステム—JIS Q 9001 の適用に関する指針』の 8.1 では，次の事項を行うための有効な管理が必要であるとしています．

a）基準を満たしていることを確認する．

b）意図したアウトプットが提供されていることを確実にする．

c)　どこを改善する必要があるかを明確にする．

企画，製品設計，工程設計，製品及び工程の妥当性確認，そして量産に至るまでのプロセスの見直しを行うためには，製品品質計画の知識が必要となります．

米国自動車工業会（AIAG）発行のコアツールである APQP（Advanced Product Quality Planning：先行製品品質計画）の学習が有効です．

このコアツールは，企画，製品設計，工程設計，製品及び工程の妥当性確認，量産に至るそれぞれの段階でインプットすべき事項，アウトプットすべき事項を明確にしています．扱う製品でアレンジしなければならない部分もあるかと思いますが，とてもわかりやすく解説されています．自動車産業で長年培われた製品品質計画のノウハウが凝縮されていて，体系的に整理されています．

また，『JIS Q 9027:2018 マネジメントシステムのパフォーマンス改善―プロセス保証の指針』も運用プロセスにおいて，品質をプロセスでつくり込むためのよい指針となるでしょう．

*　　　*　　　*

“8.2 製品及びサービスに関する要求事項”は，顧客の要求をしっかり受け止める部分です．その部分を**図 8.2** に示します．

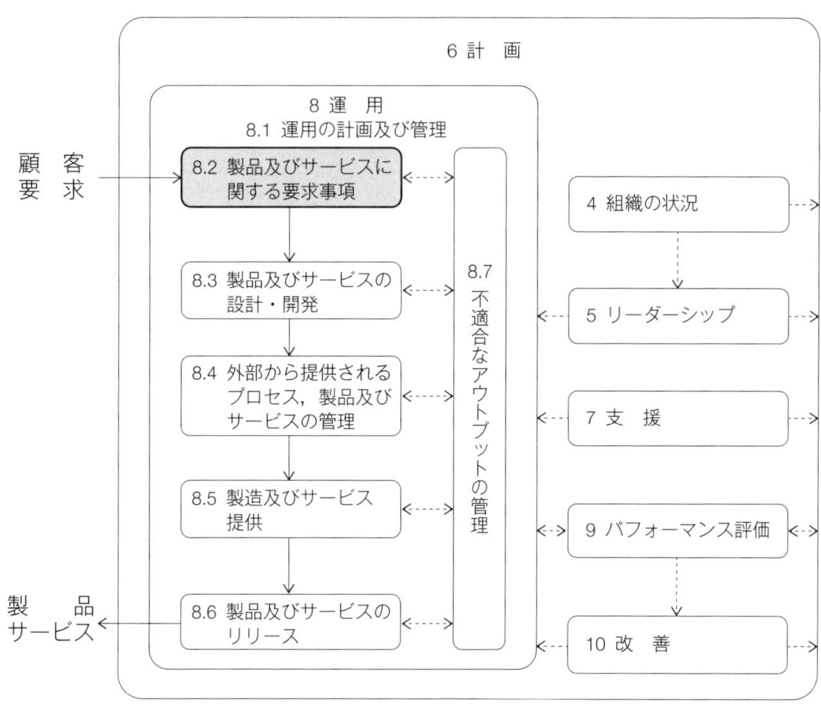

図 8.2　製品及びサービスに関する要求事項の診断部分

診断事例 31　顧客とのコミュニケーション（8.2.1）

▶症　状

B 社は，ちくわなどの水産練り製品を開発及び製造しています．主な顧客は，スーパーマーケットなどの量販店です．工場は 2 か所あり，従業員はあわせて 600 人ほどで，量販店からの要望もあり，ISO 9001 認証を取得しました．

同社の営業スタイルは，競合他社と同様に，担当営業マンが量販店を回り，売れ筋商品や店の要望を聞いて迅速に対応する形となっています．

同社の営業マンは量販店のニーズをつかむのがうまく，売上げも順調に伸びていたのですが，営業マンが帰社した後の事務処理が負担となっており，帰宅時間が遅くなっていることが問題になっていました．一番の負担は，ISO 9001 認証取得に伴って実施することになった顧客とのコミュニケーションの記録です．

以前は，量販店担当者との会話については，忘れない程度にそれぞれが使用している手帳に記録していましたが，様式を定めて，コミュニケーション内容を ISO 9001 の 8.2.1 の要求事項について詳細に記述することを規定したのです．この様式を埋める作業で時間がかかってしまい，遅くまで残業することとなってしまいました．何を書いてよいのかわからない営業マンが多く，悩んでいるうちに時間が経ってしまうとのことです．

▶診断結果

ISO 9001 の 8.2.1 では，コミュニケーションに含める事項として，次のように，a)～e) の 5 項目が規定されています．

a)　製品及びサービスに関する情報の提供

b)　引合い，契約又は注文の処理．これらの変更を含む．

c)　苦情を含む，製品及びサービスに関する顧客からのフィードバックの取得

d)　顧客の所有物の取扱い又は管理

e)　関連する場合には，不測の事態への対応に関する特定の要求事項の確立

しかし，これらをそれぞれ記録しなければならないという要求事項にはなっていません．ISO 9001 要求事項を満たしていることを全て記録にしなければならないと考えてしまったのが失敗であったと診断します．

そもそも，顧客とのコミュニケーションの要求事項の目的は，顧客のニーズや期待を間違いなく受け止め，相互に必要な情報を共有し，円滑に取引を進めることです．その対象が a)～e) ということなのです．これは，チェックシートをつくるとか記録するとかではなく，対応する仕組みが必要なのです．

▶対応方法

まず，顧客とのコミュニケーションの目的を再認識することが大切です．**ISO 9001 の 8.2.1 a)～e) は，よくよく見ると，商売を円滑に進めるために最低限必要**なことです．それらをどのように対応していくのかを決めていくのです．

これは，営業マンがどうするということではなく，対応するための仕組みが必要なのです．ISO 9001 の“7.4 コミュニケーション”の要求事項にも対応して，具体的な方法を決めて仕組みを整備しなければなりません．

B 社では，a) については，量販店に対しては商品仕様書の提供，消費者に対してはウェブサイトを使って提供する仕組みを整備しました．

量販店からのニーズについては，引き続き営業マンの面談により生の声を聞き出すことを取り決めました．さらに迅速に対応するためにも，電子メールやウェブ会議でのやり取りが進められています．

b) については，新商品に関しては開発担当者から量販店バイヤーへのプレゼンテーションによって，契約後の注文や変更に関してはオンラインにより実施することが以前より行われていましたので，これを仕組みとして整備します．

c) については，消費者に対しては，従来からお客様相談室があるので，これを仕組みとして位置付け，量販店からのフィードバックは，やはり営業マンが受け付けてフォローアップすることを再確認しました．

d) については，定期的にキャンペーンを行い，消費者にプレゼントをしているので，その応募ハガキの個人情報が該当します．この個人情報の扱いについても，応募ハガキに記載したり，ウェブサイトに記載したりすることとしました．

e) については，大規模な自然災害発生時は，人命優先とし，無理な供給はしないことを契約上のルールとしました．

これで，記録に時間をかけなくて済むようになって，効率が良くなり，営業マンの帰宅時間も早くなりました．何よりも，ISO 9001 の 8.2.1 が意図していることを効果的に実行できるようになりました．

▶予防策

『JIS Q 9002:2018 品質マネジメントシステム―JIS Q 9001 の適用に関する指針』の 8.2.1 では，a) に関しての具体的方法として“会議，小冊子，ウェブサイト，電話”などが挙げられており，c) に関しての具体的方法として“直接の電子メール又は電話，オンライン調査，顧客サポートチャンネル，対面の会議”，e) の対象事例として“自然災害，天候，労使紛争，原材料又はバックアップのための外部提供者の不足”が挙げられています．

診断事例 32　製品及びサービスに関する要求事項の明確化（8.2.2）

▶症　状

C社は，工業用油脂製品の添加剤の開発及び製造をしています．同社の特徴は，顧客の細かな仕様に対応していることで，そのために，典型的な多品種少量生産となっています．従業員は100人ながら，工程は自動化が進んでおり，売上げも大手に負けないくらいです．

同社のウリはなんといっても短納期で，ウェブサイトやパンフレットにも「標準品は注文後翌日出荷，新規製品でも注文後翌々日出荷」とうたっています．

競合他社の多くがISO 9001認証を取得した経緯で，同社も認証取得し，維持しています．

主な顧客は，工業用油脂製品メーカーであり，中小規模も含めてかなり多くの顧客を抱えています．顧客ごとに担当営業マンがおり，営業部門が顧客の要望を聞いて，新規製品については技術部門へ振り，注文を受けたら製造部門に生産指示を出しています．

どこの会社も同じで，同社においても営業部門に対する厳しい売上目標が設定されており，営業マンは必死で営業活動をしています．そのような状況の中，営業部門が無理な注文を受けてしまい，製造部門が対応しきれていないということが起こっています．

工場の生産能力は明確になってはいるのですが，それは単一品種の場合の生産能力であり，多品種の場合は段取り替えがあるため，生産能力はかなり落ちます．それにもかかわらず営業部門からはどんどん注文が入り，ついには納期遅れが常態化してしまっている状況です．

さらに，新規製品については技術部門に振るのですが，いつも情報が足りず，仕様が決まるのが遅れ遅れになってしまい，結果的に納期遅れが生じています．

顧客は「かんばんに偽りあり」と不満をもっていると同時に，標準品の翌日出荷や新規製品の翌々日出荷でなくても，納期が確定さえしていればそれでもよいと考えています.

▶診断結果

営業部門には厳しい売上目標があり，それに向けて頑張っていることは理解できます. しかし，生産能力以上の受注をしてしまっては，最終的には顧客に迷惑がかかります. 受注する段階で，顧客に提示する納期が守れるのかどうかを確認しなければならないし，容易に確認できる仕組みが必要です.

C社には，そのような仕組みが整っていなかったため，今回のような事態を招いているものと診断します. しかも，**守れない納期についてウェブサイトやパンフレットでアピールしていることは，顧客を裏切っている**ことになります.

調べてみると，技術部門や製造部門からは，営業部門に対して必要な情報をできるだけ早く提供するように再三要求したものの，まったく対応されていなかったことが判明しました.

営業部門としての認識は「売るのは営業，つくるのは技術と製造なのだから，無理してでもつくれよ」という感じだったのです.

▶対応方法

営業部門が自部門の成績を上げるために突っ走ってしまったようです. 結果的に顧客に迷惑がかかっているわけですから，いずれは顧客が離れていくことでしょう. 会社全体のことを考えなくてはいけません.

まずは，**営業部門が，顧客から引き合いがあったときに，技術部門と仕様について協議したうえで納期回答する仕組みにする**必要があります. さらに，開発に必要な情報がそろわない限りは次のステップに進めないように，受注管理システムを改善する必要があります.

製造部門との間では，生産能力について協議する場を設け，顧客に対応可能な納期を提示し，それが無理であれば，生産計画を見直して対応する仕組みとしました.

ISO 9001 の 8.2.2 b) では“組織が，提供する製品及びサービスに関して主張していることを満たすことができる.”ことを確実にすることが要求されています.「できるできる」と言って，実は「できませんでした」ということがないようにしなければならないのです. こうならないための仕組みが必要なのです.

ウェブサイトやパンフレットには，最短日を記載し，納期に応じて金額を変える仕組みに変更しました.

▶予防策

『JIS Q 9002:2018 品質マネジメントシステム—JIS Q 9001 の適用に関する指針』の 8.2.2 では，主張の事例として“インターネットサービスプロバイダー（ISP）は，ウェブサイトでダウンロード速度について主張すること”，“ラップトップコンピュータの製造業者は，パンフレットでバッテリー寿命についての主張を行うこと”，“自動車メーカーは，広告で燃費に関する主張を行う”こと，“保険会社は，24 時間請求できるサービスを提供している”ことを挙げています.

また，“利用可能な資源，実現能力，生産・提供能力，納期”について考慮することが望ましいとしています.

診断事例 33　製品及びサービスに関する要求事項のレビュー（8.2.3.1）

▶症　状

D 社は，切削工具の販売をしており，顧客は金属の切削加工業者です．従業員は 50 人と少ないものの，大手自動車メーカーと直接取引があるなど，安定した経営をしています．

大手自動車メーカーとの直接取引があることも影響したのか，販売業といえども ISO 9001 認証くらいは取得しておかなければならないと経営者が判断し，認証取得に至りました．

受注の流れは，顧客から FAX で注文が入り，それを受注担当者がレビューし，確認印を押し，注文 FAX の用紙にゴム印を押して注文請書とし返信していました．最近は，受注に対応したウェブサイトを開設し，9 割の注文がウェブサイト経由となりました．注文は，受注管理システムに自動でインプットされ，出荷の手配がされるようになりました．

しかしこのシステムでは，ISO 9001 の 8.2.3.1 で要求されている製品及びサービスを顧客に提供することをコミットメントする前に，レビューすることができません．

したがって，システムを変更して，自動で出荷の手配がされないようにして，受注内容を担当者がシステムの画面でレビューし，チェックするようにしました．

▶診断結果

これでは，せっかくの情報通信システムが活かせていないと診断します．

これだけ情報通信技術が発展してくると，受発注はオンラインで行うことが増えてきています．また，社内の手続きもオンラインで瞬時に行うようになってきました．情報通信システムを利用して仕事が進められていることが多いと思いますが，この**情報通信システムも品質マネジメントシステム**なのです．

これに対しては，ISO 9001 でも考慮していて，8.2.3.1 の注記では次のように記載されています．

注記　インターネット販売などの幾つかの状況では，注文ごとの正式なレビューは実用的ではない．その代わりとして，レビューには，カタログなどの，関連する製品情報が含まれ得る．

インターネット販売やこの事例のようなオンラインの受注管理システムを使用している場合，注文を受けると瞬時に受注が確定してしまうため，製品及びサービスに関する要求事項のレビューはできません．

したがって，レビューとしてウェブサイトの画面やカタログが間違いないことを代わりに行うのです．この事例においても，情報通信システムを考慮した仕組みが必要となるでしょう．

▶対応方法

品質マネジメントシステムを支えるインフラストラクチャとして，すでに存在している受注管理システムを位置付けます．そのうえで，ウェブサイトのレビューを確実に行うように手順を設定します．建物や設備だけがインフラストラクチャではありません．情報通信技術もインフラストラクチャに含まれるのです．

営業管理システムなどの他の情報通信システムについても，インフラストラクチャと位置付けて，品質マネジメントシステムとして維持，改善していくことが望まれます．

情報通信システムは，きちんと仕組みを整備したうえで構築されていますので，そのまま品質マネジメントシステムの一部として採用できますし，採用すべきなのです．

▶予防策

『JIS Q 9002:2018 品質マネジメントシステム—JIS Q 9001 の適用に関する指針』の 8.2.3.1 では，製品及びサービスに関する要求事項をレビューする意図として，“顧客に対して与えたコミットメントをレビューし，これらのコミットメントを満たす能力をもつことを確実にすることである.”と説明しています.

この意図することが満たされればよいわけなので，対応方法については柔軟に考えるとよいでしょう.

診断事例 34　製品及びサービスに関する要求事項のレビュー（8.2.3.2）

▶症　状

E 社は，10 店舗を有する居酒屋チェーンです．従業員は正社員 15 人，パート・アルバイト 60 人です．

トップマネジメントである社長は，大手の居酒屋チェーンに何とか対抗したいと思い，ISO 9001 認証取得を決意しました．勉強熱心な社長は，コンサルタントを使うことなく独力で認証取得しました．

ただし，悩んだのは製品及びサービスに関する要求事項のレビューの記録をどうするかです．

同社では，いちはやくタブレット端末による注文システムを導入しており，顧客がタブレット端末を使って直接注文するために，注文の記録が残りません．しかたがないので，週に 1 回，注文システムのデータを印刷し，保管することにしました．しかし，印刷量が多く，紙と手間がもったいないと感じていました．

▶診断結果

注文システムを導入したのは，人件費を削減するのにも効果的です．しかし，記録に関して紙でなければいけないと考えてしまったのは，大変残念です．

文書化した情報の保持，つまり記録についての媒体は紙だけでないことを知っておくべきであったと診断します．

昨今のように，情報通信技術が発達してくると，紙媒体を使用することが少なくなってきます．法律を考慮しつつ，技術の進歩に伴った柔軟な対応が望まれます．

▶対応方法

注文システムに保存されている電子データをレビュー結果の記録とします．

また，電子データの保管と管理については，責任及び権限とともに手順も検討し，明確にします．

E社では，品質マニュアルが作成されていますので，これらの内容を追記し，改訂します．

▶予防策

『JIS Q 9002:2018 品質マネジメントシステム—JIS Q 9001の適用に関する指針』の8.2.3.2 a) では“レビューの結果は，あらゆる適切な媒体で保持できる．”としています．

例として“レストランでは，顧客が何を食べたいかを詳述した書面又は電子形式の注文を保管することができる．”ことや“会社は，顧客との特定の電子メールによる連絡を保持することを選べる．”ことを挙げています．

診断事例 35　製品及びサービスに関する要求事項の変更（8.2.4）

▶症　状

F 社は，注文住宅の設計，施工及び販売をしています．従業員は 20 人で，施工は外部委託をしています．

顧客の信頼を得るために ISO 9001 認証を取得しました．ISO 9001 要求事項への対応のために，顧客からの注文の変更（例えば，壁紙の色を変える，洗面台のグレードを変える）については，「製品及びサービスに関する要求事項の変更記録」に記録することにしていました．

実際には，注文の変更があった場合，担当者は，電話のときは取ったメモ，電子メールのときはタブレット端末を使って，毎朝行われる進捗会議で報告し，やるべきことをホワイトボードに書いて，それを皆がスマートフォンで写真を撮って共有していました．それで不都合はなかったので，「製品及びサービスに関する要求事項の変更記録」に記録を残していませんでした．

しかし，ISO 9001 認証取得をしてからは，審査のために，毎年，残業をしてまで 1 年分の「製品及びサービスに関する要求事項の変更記録」を作成していました．

▶診断結果

実際やっていることはすばらしいことなのに，審査のためだけに「ムダ」なことをしている典型的な事例であると診断します．

審査のための対応で，何の役にも立っていないのです．役に立たないばかりか，お金も労力もかかっている余計な仕事になっています．

F 社のように小規模な組織では，すぐに関係者が集まることができ，有効なコミュニケーションがとれます．これは小規模な組織の強みでもあります．会議の結果をホワイトボードに書いて，それをすぐに写真に撮って共有し，その日に行動することで，スピーディーに仕事を進めることができます．

▶対応方法

現状の仕事の進め方で問題ないどころか，むしろ有効な方法です．現状を仕組みとして整備すればよいでしょう．ただし，外部委託先の施工業者には確実に連絡することが必要です．そのための仕組みも整備することが求められます．

施工業者とも毎日ミーティングを行っているので，そのミーティングが変更内容の伝達の場ということになります．口頭だけでは心配なので，きちんと変更の依頼内容のチェックリストを作成，提供し，チェックされたチェックリストを回収することまで確実に行うことが望まれます．

▶予防策

『JIS Q 9002:2018 品質マネジメントシステム―JIS Q 9001の適用に関する指針』の8.2.4では，変更に際しては，“適切なコミュニケーションの方法を選択し，連絡の電子メール，会議の議事録，修正された注文などの，適切な文書化した情報を保持することが望ましい．”とされています．

＊　　＊　　＊

“8.3 製品及びサービスの設計・開発” は，製品とサービスを設計・開発する部分です．その部分を**図 8.3** に示します．

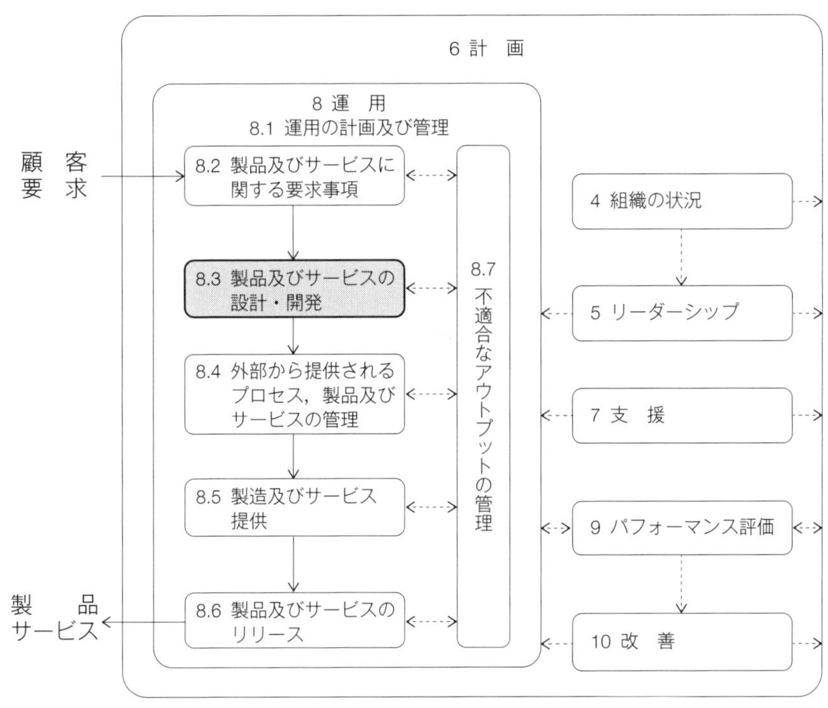

図 8.3　設計・開発の診断部分

診断事例 36　製品及びサービスの設計・開発（8.3.1）

▶症　状

G 社は，V ベルトからの動力伝達に使用される V プーリーの設計及び製造をしています．従業員は 100 人で，主な顧客は製造設備メーカーです．

顧客の要望もあり，ISO 9001 認証を取得しました．認証取得する際に，“8.3 製品及びサービスの設計・開発”を適用するかどうか迷ったようですが，8.3 の適用はとても大変そうだったので，適用しませんでした．

V プーリーは JIS でも仕様が規定されているため，特に設計の要素はないという判断をしたのでした．しかし，実際には，顧客からカスタマイズの要求があり，それに伴って仕様を変えることがありました．最近では，カスタマイズ要求が増えてきており，仕様を適切に変更し，要求に応えるための設計業務が多くなりました．

同社の社風としては，決められたことは確実に行うが，そうでないことは適当に済ませてしまう傾向があり，決めごとがない設計業務の失敗が原因で，顧客とトラブルとなっている事案が増えてきています．

再発防止をしようにも，設計の仕組みが整っていないため，改善する対象となる仕組みがなく，同じような失敗を何度も繰り返しています．

▶診断結果

顧客からのカスタマイズ要求に応えることは設計・開発に該当しますので，ISO 9001 の 8.3 の要求事項を適切に適用すべきであったと診断します．

設計・開発の要求事項は比較的多いので，できるだけやりたくないという組織も多いです．しかし，**より良い設計・開発をして顧客のニーズや期待に応えることは組織の経営にとってもプラスになる**ので，設計・開発の要求事項の意図することをきちんと理解して適用することが望まれます．

顧客からのカスタマイズ要求に確実に応えるための有効な設計・開発の仕組みが必要です．

▶対応方法

まず，顧客とトラブルになっている事例を調査し，何がいけなかったのかを探ります．

情報が足りなかったのであれば，どのような情報を聞き出さなければならないのかを決めます．製造部門や品質保証部門の知恵を借りる必要があったのであれば，部門横断的なレビューをするようにします．どの段階でどのようなことを協議するのかを決めておきます．

設計が本当に狙いどおりになったのかの確認が不足しているようであれば，妥当性確認の対象を定め，確認方法もしっかりと決めておく必要があります．

製造部門への情報が不足していたのであれば，製造部門に伝達すべき情報を決めておき，間違いなく伝達することが必要です．

このように，現状の問題点を洗い出して設計の仕組みを整えていきます．そして，**設計上の問題が発生したときには，この設計の仕組みを見直すことが大切**です．

▶予防策

どのような業務が設計・開発に該当するのかを理解しておくことが望まれます．

『JIS Q 9002:2018 品質マネジメントシステム—JIS Q 9001 の適用に関する指針』の 8.3.1 では，設計・開発が必要となる事例として，次のような場合が含まれることが示されています．

—仕立て会社が顧客から以前作ったドレス又はスーツに布地を一枚足すようにという依頼を受ける場合

—小さな工作所が空気圧クラッチの設計仕様書をもっており，顧客からクラッチのカスタマイズが必要となるか（噛）み合いの変更を求められる場合

—財務コンサルティング組織が，クライアントの株式ポートフォリオ管理に関し，クライアントに提供するサービスを設計・開発する場合

これらを見ると，ISO 9001の8.3を柔軟に適用することが大切であることがわかります．8.3の適用を面倒くさいと考えず，より良い設計・開発プロセスとなり，より良い結果を得ることを目指しましょう．

診断事例 37　設計・開発の計画（8.3.2）

▶症　状

H 社は，100 円ショップなどで販売されている日用雑貨品の開発及び製造をしています．従業員は 60 人で，ISO 9001 認証があれば，取引が有利となると判断し，取得しました．認証取得が目的であったので，簡単に取れればよいと考えたのでしょう．現状やっていることを ISO 9001 要求事項に当てはめて何とか乗り切ろうとしました．

現状やっていることをベースに品質マネジメントシステムを構築すること自体は，むしろ良いことなのですが，あまりにも手を抜いてしまったようです．

ISO 9001 の“8.3.2 設計・開発の計画”の要求事項に対して，現状使用している新製品の開発スケジュールである「新製品開発計画表」でむりやり満足させようとしました．「新製品開発計画表」には，日程計画が示されているだけで，具体的に何をすべきかまでは示されていませんでした．

品質マニュアルには，ISO 9001 要求事項とほぼ同じ文言が並べられているだけでしたが，初回登録審査では特に問題とされず，現在に至っています．

▶診断結果

ISO 9001 の 8.3.2 の意図することを理解せず，表面的に対応してしまったと診断します．8.3.2 の意図は，開発スケジュールを明確にすることではなく，設計・開発に必要な活動や職務を明確にすることです．

これらのことから，**設計品質をつくり込むという考え方をしっかりもって，設計・開発の仕組みを構築する必要がある**と考えます．

▶対応方法

設計・開発の段階を決め，どの段階でどのようなことを行うのか，責任と権限や必要な資源などとともに明らかにします．多くの人が設計・開発にかかわるのであれば，関係者間のつながり（インタフェース）をどのようにするか決めなければなりませんし，顧客が参画する必要性があれば考慮しなければなりません．

製品及びサービスの設計・開発以降の製造及びサービス提供に必要な情報なども前もって明確にしておくべきです．製造業では購入する材料や部品などの仕様が明確になっていなければなりませんし，製造するにあたり，どれくらいのばらつきであれば許容できるのかの情報が必要です．

設計・開発の管理をどの程度行うかは，顧客や利害関係者が期待している度合いによって，そのレベルが変わってきます．日用雑貨品と医薬品とでは，安全性などの要求度合いが大きく違うので，当然，管理レベルは異なってきます．また，設計段階で必要とされる文書化した情報を明確にしておくことが求められているのです．

これらのことを考慮したうえで，有効な設計・開発の仕組みを構築することが望まれます．

▶予防策

設計・開発の計画において考慮すべき一連の重要な要素として，ISO 9001の8.3.2 a)～j) に示されていますが，『JIS Q 9002:2018 品質マネジメントシステム―JIS Q 9001の適用に関する指針』の8.3.2 a)～j) では，さらに詳細な説明がされていますので，参考となるでしょう．

また，『JIS Q 9005:2014 品質マネジメントシステム―持続的成功の指針』では，設計・開発の計画の評価指標として，附属書E（表E.22）において“設計・開発期間，設計・開発に関する連携不足による問題件数，責任と権限に由来する問題件数，マイルストーンからのずれ”を例として挙げています．

設計・開発プロセスがうまくいっているかどうかを継続的に確認するためにも，評価指標を明確にすることが望まれます．

診断事例 38　設計・開発へのインプット（8.3.3）

▶症　状

J 社は，自転車に取り付けるヘッドランプを開発，製造しています．海外への輸出も多く，取引を継続するためにも ISO 9001 認証が必要となり，取得に至りました．ISO 9001 要求事項の意図を理解することなく，表面的な対応をしてしまいました．

品質マニュアルには，ISO 9001 要求事項とほぼ同じ文言が並んでおり，8.3.3 においても，a)～e) の考慮事項がそのまま記載されていました．品質マニュアルの 8.3.3 c) には，法令・規制要求事項と記載はされているものの，仕組みは整備されませんでした．

1 年ほど前に，T 国向けのヘッドランプのラベル表示において，同国の電気用品関連の法規制違反が見つかりました．実は，法規制が改正されていたのですが，それに対応できていませんでした．不幸中の幸いで，市場に出回る前に気付いたため，回収は比較的早くできましたが，大きな損失となってしまいました．

▶診断結果

設計・開発のインプットとして，法令・規制要求事項は大変重要な要素です．社会のニーズ及び期待に応えるためにも，**遵守すべき法令・規制要求事項を理解し，変更にも確実に対応できる仕組み**がなければなりません．遵守すべき法令・規制要求事項には何があるのかを誰がどのように調査し，その変更についても誰がどのように監視していくのかを決めておかなければなりません．また，その情報を関係部門に展開する仕組みが必要です．

ISO 9001 要求事項に形式的に対応したために，このような仕組みが整備されなかったものと診断します．

▶対応方法

まず，製品ごとに遵守すべき法令・規制要求事項をリストアップし，共有します．さらに，仕向国ごとに遵守すべき法令・規制要求事項をリストアップし，共有します．これには，多くの関係者の知恵を集める必要があります．場合によっては専門家の力を借りる必要もあるでしょう．

リストアップされた後は，このリストを確実にメンテナンスする仕組みを整備しなければなりません．

法令・規制要求事項は，変更も多く，注意深く監視しなければなりません．責任・権限を明確にしたうえで，具体的な手順まで定めておくことが大切です．

また，変更情報を必要となる関係部門に伝達しなければならないので，その**情報展開のルートとともに仕組みを整備**します．さらに，**展開された変更情報に基づき，適切に対応ができたのかどうかを評価する仕組みが必要**です．

変更情報を伝達しても，それを受けた側が適切に対応しなかったことで問題となることがよくあるので，注意が必要です．

▶予防策

設計・開発活動に必要な情報が確実にインプットされなければ，様々なニーズ及び期待に応えられる製品及びサービスを生み出すことはできません．

『JIS Q 9002:2018 品質マネジメントシステム—JIS Q 9001 の適用に関する指針』の 8.3.3 では，考慮すべき事項について例を交えながら説明しています．そのうちの一部を紹介します．

a)　顧客，市場ニーズ又は組織が決定した，機能及びパフォーマンスに関する要求事項．例えば，ある機器に求められるライフサイクル，照明器具が提供する必要がある明るさの量，サービスが提供されるべき期間，機械を安全に操作できる方法，道路上の交通の流れ．

b)　プロジェクトファイル，図面，仕様書，得られた教訓など，以前の類似の設計・開発活動からの情報．これによって，有効性を高め，組織が良い実践を積み重ね，誤りを防ぐことができる．

c) 製品若しくはサービスに直接関係する法令・規制要求事項（例えば，安全規則，食品衛生に関する法律），又は当該製品若しくはサービスの提供に直接関係する法令・規制要求事項（例えば，最終製品の一部である化学薬品の取扱い，輸送又はその他の引渡しの仕組み，保健サービスを提供するときの手袋着用，レストランの衛生要求事項）

d) 組織が実施することをコミットメントしている標準又は規範（codes of practice）（例えば，業界の規範，安全衛生基準）

e) 製品及びサービスの性質に起因する失敗によって起こり得る結果．こうした不具合は，致命的になり得るもの（例えば，ある催しにおける道路交通安全の計画が劣悪で，事故につながり得る場合）から，顧客満足を失うことにつながる問題（例えば，織物のインクが不安定で，色落ち又は色移りが生じる場合）まで，多岐にわたり得る．

また，環境の変化に俊敏に適応し，顧客及びその他の利害関係者のニーズ及び期待を適切に捉え，製品を実現していく方法論として，品質機能展開があります．

『JIS Q 9025:2003 マネジメントシステムのパフォーマンス改善―品質機能展開の指針』では，品質機能展開について詳細に説明しています．

診断事例39　設計・開発の管理（8.3.4）

▶症　状

K社は，スチールロッカーの設計及び製造をしています．鋼板を切断加工や曲げ加工を行い，組み立てて製品にしています．従業員は600人で，公共施設への納入に際し，ISO 9001認証が必要ということで，取得しました．

鋼板の曲げ加工は，ベンダーと呼ばれる曲げ加工機を使用するものの，全て人手によって作業が進められます．人件費がコストアップを招いており，曲げ加工の自動化が課題でした．

そこで，経営者が一大決心をして，数億円をかけて自動曲げ加工機を導入しました．鋼板と金型をセットしておけば，自動で鋼板が投入され，穴あけなどの切断加工や曲げ加工が行われ，連続稼働が可能となりました．24時間連続稼働が可能となり，生産性向上とコストダウンが期待されました．

しかし，結果は経営者の期待を裏切り，24時間連続稼働どころか，ほとんどが停まっている状況でした．なぜ停まっているかというと，製品ごとで鋼板の厚さが微妙に異なるため，段取り替えに時間がかかるということでした．

曲げ加工では，鋼板の厚さによりスプリングバックと言って，曲げても少し戻ってしまうので，調整が必要なのです．連続稼働ができるのは鋼板の厚さが同じであることが条件だったのですが，現実には，製品ごとで鋼板の厚さが微妙に異なり，連続稼働ができなかったのです．

巨額の投資をしたにもかかわらず，生産性が一向に上がらないことに製造部門は厳しい非難を受けていたのでした．

▶診断結果

設計・開発段階で有効なレビューが行われていなかったと診断します．

鋼板の厚さを決定するのは設計部門です．設計部門に確認すると，そもそも自動曲げ加工機の連続稼働ができていない事実を知りませんでした．また，製品ごとに0.1 mm単位で微妙に異なる鋼板の厚さとしている根拠を聞いたところ，特に根拠はなく，設計担当者の判断で自由に板厚を設定していたとのことでした．また，技術標準もありませんでした．

製造部門では，従来は人手による曲げ加工であったので，微妙に板厚が異なろうとも，うまく対応ができていたのでしたが，自動曲げ加工機では無理なので，できるだけ板厚を統一してほしいという声が上がっていました．しかし，その声が設計部門には届いてなかったのです．

▶対応方法

K 社の設計・開発のレビューは，設計部門だけで行っていました．製造部門，購買部門，品質保証部門，場合によっては購買先や外部委託先など，**部門横断的に知恵を集めてレビューする有効な仕組み**がなかったのです．

製造部門からは，できるだけつくりやすく，効率の良い製造ができるような意見が出されるでしょう．購買部門からは，調達しやすい材料の選択や，できるだけ統一して数量をまとめ，購買時の交渉力を高めるような意見が出されるでしょう．

設計・開発のどの段階で，何を検討するのか，誰が参加するのか，必要なインプット情報，アウトプットしなければならない情報などを決めて，仕組みとして整備します．

▶予防策

『JIS Q 9002:2018 品質マネジメントシステム—JIS Q 9001 の適用に関する指針』の 8.3.4 b) では，レビューに関して次のように説明しています．

b)　設計・開発計画の諸段階，及び段階のアウトプットについて，インプットに関する要求事項に合致していることを確認し，問題点を明確にし，解決策を立案するために，レビューする．製品の製造又はサービスの提供に関与する人々，並びに適切な場合は顧客，エンドユーザ及び外部提供者を含め，設計・開発プロセスの特定の段階に関与していない人々も，そのレビューに関与できる．複雑さのレベルが異なる場合は，次のようにしてもよい．

―複雑な設計については，正式な会議でレビューし，そのような会議の議事録を記録とする．

―単純な設計のレビューについては，それほど正式なものにせず，計画書にレビューが完了したことを注記し，署名し，日付を記入する．

以上から，レビュー方法については，設計の複雑さのレベルに合わせて，柔軟に行うことが大切であることがわかります．

また，『JIS Q 9027:2018 マネジメントシステムのパフォーマンス改善―プロセス保証の指針』の 4.4.4（デザインレビューによるトラブル予測及び未然防止）でも，デザインレビューについて説明されています．

この指針では，“一般に，デザインレビューとは，計画及び設計の適切な段階で，必要な知見をもった実務者及び専門家が集まって計画及び設計を見直し，担当者が気付いていない問題を指摘するとともに，次の段階に進めてよいかどうかを確認及び決定するための会合である．”と説明しています．とてもわかりやすい説明です．

診断事例 40　設計・開発からのアウトプット（8.3.5）

▶症　状

L 社は，オフィス向けの椅子の設計及び製造をしています．従業員は 100 人と，小規模ながら自社ブランドをもっており，多くのメーカーに OEM 供給も行っています．

JIS マーク表示認証を取得していたため，品質管理体制の基準を ISO 9001 認証取得することで満たすことにしました．

オフィス向けの椅子は，構造が複雑で部品も多数あることから，3D（三次元）データで設計しています．試作品を製作し，販売が決定されたら試作品をもとに部品を製造し，組立を経て，完成に至ります．

しかし，3D データしかないことから，個々の部品の図面はなく，現物合わせが基本となっていました．このやり方は，大変効率的なのですが，部品などの不具合が生じると，図面がないために，何が正しくて何が間違っているのかがわからない状態となって，問題解決が難しい状況となっていました．

▶診断結果

設計のアウトプットの不十分さに問題があると診断します．

ISO 9001 の 8.3.5 b) では“製品及びサービスの提供に関する以降のプロセスに対して適切である．”ことが要求されています．

例えば，製造プロセスに対して，適切な製造ができるように図面や製品仕様書，QC 工程表などの情報を提供しなければなりません．また，購買プロセスに対しても，材料仕様書，部品仕様書などの情報を提供しなければなりません．

このように，**設計プロセス以降のプロセスに対して，間違いなく活動ができるような情報を提供する**ことが求められているのです．

▶対応方法

この事例においては，部品の図面を作成することで解決するのですが，これは，設計部門にとって大変な労力となり，新製品開発のスケジュールの大幅な遅れを招いてしまいます．

そこで，正しく間違いのない部品とはどういうものかがわかればよいので，図面にこだわらず，目的を満たすものを考案し，それを設計・開発からのアウトプットと位置付け，設計・開発の仕組みとして整備することで対応が可能となるでしょう．

その後，L社では，図面の代わりとなり，しかも簡単に製作できる特殊な見本を考案しました．

▶予防策

設計・開発からのアウトプットが不十分な場合，後のプロセスが困ることになり，全体としてのパフォーマンスが下がってしまいます．

全体最適化が大切であるとよく言われるのですが，全体最適の考慮は，下流のプロセスでは無理で，上流のプロセスしかできないのです．製造業でいうと，営業プロセス，企画プロセス，設計・開発プロセスが該当します．これらの上流プロセスこそ，全体最適を考えて，プロセス運用をしなければならないのです．

『JIS Q 9002:2018 品質マネジメントシステム―JIS Q 9001の適用に関する指針』の8.3.5では，設計からのアウトプットの文書化した情報の例として，次のように紹介しています．

―図面，製品仕様書（保存の詳細を含む．），材料仕様書，試験に関する要求事項，品質計画書，コントロールプラン（QC工程表など）

―プロセス仕様書，必要な製造設備の詳細

―施工計画書及び技術計算書（例えば，強度，耐震性）

―メニュー，レシピ，調理法，サービスマニュアル

―スケッチで定めた衣服のファッションデザイン，使用する材料に関する

仕様書

—出版物で使用する特定のレイアウトの形式を示すグラフィックアートデザイン

—マーケティングキャンペーンの計画書の形をとった，広告代理店による設計書

これらを見ると，様々な業種における設計・開発プロセスからのアウトプット情報が挙げられていて，これらの情報を適切に後プロセスに伝達することが重要であることがわかります.

診断事例41 設計・開発の変更（8.3.6）

▶症 状

M社は，玩具の企画，設計及び製造をしています．ISO 9001認証は特に求められていませんでしたが，海外の委託生産先にはISO 9001認証を求めていたため，自社でも必要であると判断し，取得しました．

ある男児向けの玩具で使用していた複数のプラスチックギヤをコストダウンのために小径にしました．ギヤを小径にしても，ギヤ比が変わるわけでもなく大きな影響はないものと考え，図面上のチェックで問題なしとしました．

しかし，量産に入ってしばらくすると，ギヤが破損して使用できないというクレームが殺到しました．

▶診断結果

設計・開発の変更の仕組みが有効でないと診断します．

ギヤを変更したことのリスクを確実にレビューする必要があったのです．図面上の検証だけでなく，実際の変更されたギヤによって耐久試験などを実施して，変更の妥当性確認を確実にすべきだったのです．また，開発担当者の独断で決定するのではなく，レビューによって多くの知恵を集めることが必要だったと思われます．

設計・開発においても変更管理の仕組みをきちんと整備する必要があります．

▶対応方法

まず，設計・開発の変更のレベルを評価する仕組みが必要です．レベルに応じて，レビュー，検証，妥当性確認をどこまで行うのかをあらかじめ定めておきます．こうしておかないと，開発担当者が変更を急ぐあまり，本来やるべきことをやらずに飛ばしてしまうおそれがあるからです．

複雑な変更であれば，新規の設計・開発レベルでレビュー，検証，妥当性確認を行うことになるでしょう．簡単でリスクの小さい変更であれば，過去のデータに基づいて，図面の検証でよい場合もあります．

▶予防策

設計・開発の変更で気を付けなければならないのは，設計部門で設計変更した内容が以降のプロセスに適切に伝わっていないことです．いつから変更するのか，そのタイミングも合わせて確実に伝えることが望まれます．

『JIS Q 9002:2018 品質マネジメントシステム—JIS Q 9001 の適用に関する指針』の 8.3.6 では，変更についての文書化した情報にも言及しており，“文書化した情報には，影響を受けた，以降のプロセス（例えば，購買，製造，製品及びサービスの提供）についてとった処置，及びこれらの伝達方法についても詳述し得る．” と説明しています．

*　　　*　　　*

“8.4 外部から提供されるプロセス，製品及びサービスの管理” は，購買管理や外部委託管理にかかわる部分です．その部分を**図 8.4** に示します．

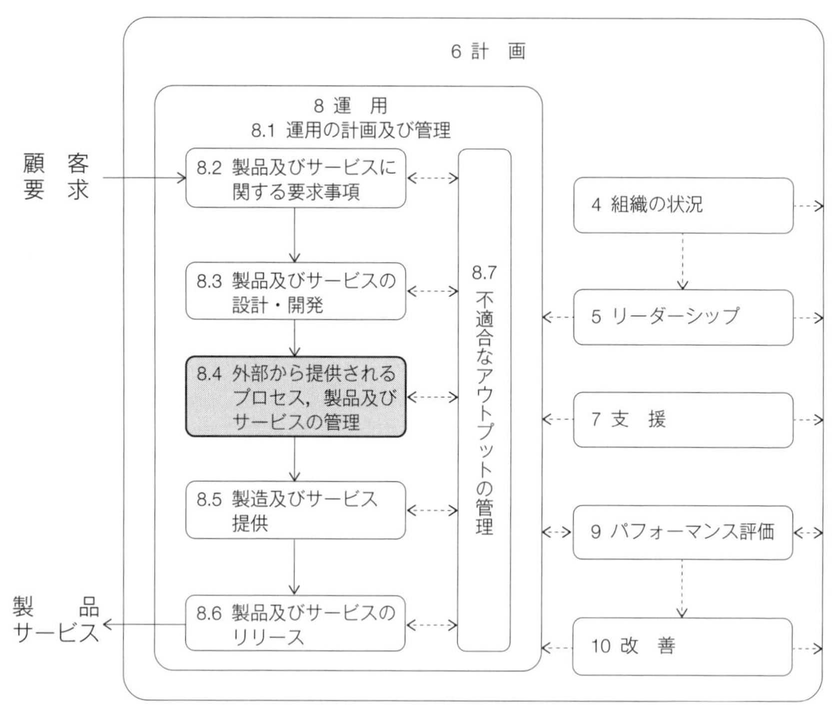

図 8.4　購買管理や外部委託管理の診断部分

診断事例 42　外部から提供されるプロセス，製品及びサービスの管理（8.4.1）

▶症　状

N社は，水道用給水栓の加工を行っています．従業員は50人で，顧客である給水栓メーカーの供給者管理の一環として，ISO 9001認証取得を推奨され，取得に至りました．同社からもさらに加工の外部委託をしており，20社ほどあります．

ISO 9001の8.4.1では，外部委託先のような外部提供者の評価，選択，パフォーマンス監視及び再評価を行うための基準を決定し，適用することが要求されています．

この要求事項に対し，同社では，加工委託する内容を工場長，製造課長，品質管理課長の3人で吟味し，加工ができそうな外部委託先を決定していました．加工ができるかどうかは，図面を細かくチェックして，その加工方法や精度から能力があると判断した外部委託先を選定するという手順により実施していました．

しかし，ISO 9001認証審査のときに審査員から「評価基準は明確になっていますか？」と言われて，実施している手順を説明したのですが，「それでは評価基準が明確になっていない」と指摘されてしまいました．

評価基準といわれても困ってしまったのですが，インターネットで調べるといくつか事例があったので，それを採用することにしました．それは，品質，納期，協力度について5段階で評価する様式になっており，20社について評価を実施しました．評価基準は，それぞれの点数を足して6点以上としました．

これを毎年20社やるのですが，大変な割には，審査以外で使用することはなく，面倒な作業となってしまいました．

▶診断結果

審査員のミスリードでした．N社の外部提供者の評価方法は，実践的で何ら問題はなかったのです．審査員は，もう少し客観的な評価をしたほうがよいと思ったのでしょう．形式的な外部提供者評価になってしまったと診断します．

新規に委託する際は，従来のやり方でもよいですが，**継続している外部委託先は，やはり定期的にパフォーマンスを監視して，その結果によって再評価をする**ことが望まれます．

少なくとも品質の適合性と納期遵守について監視し，記録して，評価する仕組みがあるとよいでしょう．

▶対応方法

外部委託先に任せっきりで何も評価をしていないというのはいけません．外部委託先のパフォーマンスを継続的に監視し，良い状況なのか悪い状況なのかを把握する仕組みが必要です．そして，その結果でもってこのままでよいのか，何らかの手を打たないといけないのかを判断します．その判断基準が必要だということなのです．

N 社の場合は，外部委託先の失敗が，ダイレクトにお客さんに影響します．全数受入検査をしている製品はまだよいのですが，抜取検査の場合は，全ての製品の加工忘れや，寸法のばらつき，外観不良までは検出できません．

したがって，**外部委託先も品質をつくり込むような体制をもってもらわなければなりません**し，改善のための客観的なデータが必要となってきます．

これらを踏まえて，外部提供者評価仕組みを構築するとよいでしょう．

▶予防策

外部提供者との関係を良好に保ち，ともに発展していくことが望まれます．そのためには，外部提供者との効果的なコミュニケーションが必要です．

『JIS Q 9005:2014 品質マネジメントシステム―持続的成功の指針』の 8.6.4（供給者とのコミュニケーション）では，外部提供者（供給者）とのコミュニケーションについて，次のように説明しています．

組織は，供給者と購買製品・サービスに関する情報を共有化するために，効果的なコミュニケーションを図ることが望ましい．情報の例には，次の事項がある．

—供給者の工程管理・変更管理の状況

—購買製品・サービスの検証結果

—検出された不適合の原因分析の状況及びその結果

—購買製品・サービスの品質の傾向

—購買製品・サービスの品質がもたらした最終製品・サービスへの影響

診断事例 43　管理の方式及び程度（8.4.2）

▶症　状

P 社は，清掃サービス業で，主にオフィスビルの清掃を中心に展開しています．従業員は 50 人で，近年，経営者のトップ営業の成果により，売上げを伸ばしています．50 人の従業員だけでは対応しきれなくなったため，10 社ほど外部委託先を開拓し，外部委託先から直接清掃サービスが提供されています．

ISO 9001 認証は，経営者が営業のツールとしての価値があると判断し，取得しました．ところが，ISO 9001 認証を取得した当時は余裕があり，自社で全ての清掃サービスを実施していました．したがって，外部委託先を管理する仕組みはありませんでした．

売上拡大に伴い，急遽開拓した外部委託先の多くは質の悪い清掃を行っており，クレームが時折寄せられています．経営者は，外部委託先の経営者に伝えるもののクレームは一向に減りません．10 社の外部委託先は，もともと清掃サービスを提供している会社で，P 社が伸びてきたことにより仕事を奪われたようです．

そのような経緯があったためか，同社は，外部委託先に対して任せきりとなっていました．

▶診断結果

外部委託先に任せきりというのがいけません．清掃サービスの外部委託先を管理する仕組みが必要と診断します．

この事例の清掃サービスのように，**外部委託先のサービスの良し悪しが顧客にダイレクトに影響する場合は，特にしっかり管理しないと，顧客にとってもＰ社にとってもよくありません**．ISO 9001 の 8.4.2 a) では，“外部から提供されるプロセスを組織の品質マネジメントシステムの管理下にとどめることを，確実にする．”ことが求められています．

この事例では，明らかに管理下にとどめておらず，効果的な管理方法を決めて実行することが必要です.

▶対応方法

外部委託先を管理する方法やどの外部委託先にどれくらいのレベルでやるのか，その程度を決めなければなりません．外部委託先自身がどれくらいの管理をしているのかを見極めたうえで，どのような管理をしなければならないかを検討します.

全ての外部委託先には，P 社の清掃レベルにしてもらうために必要な作業マニュアルを配付する必要があるでしょう．さらに，それに基づき，訓練してもらい，その証拠も提出してもらうとよいでしょう．人がやる作業なので，力量をきちんと評価してもらい，その結果も記録してもらいましょう.

クレームが多いなど，パフォーマンスが悪く，管理が行き届いていない外部委託先については，清掃後の写真を撮ってもらって，チェックリストとともに毎回提出してもらうことにしましょう.

パフォーマンスが上がってきたら，チェックリストの提出のみ，さらに上がってきたら，チェックリストは提出せずに保管のみしてもらうというように，管理の程度を決めるとよいでしょう.

▶予防策

外部提供者を効果的に管理することが望まれます.

『JIS Q 9002:2018 品質マネジメントシステム—JIS Q 9001 の適用に関する指針』の 8.4.2 では，管理の例が次のように示されています.

a) 外部委託したコールセンターにおいて，電話を受け，シフト開始時に情報・通信システムのセットアップを担当する人々の資格認定

b) 提供される製品に関して，資格をもつ検査員が行う受入検査，又は組織の試験室でサンプルを使用して行われる試験

c) ホテルの浴室又はオフィスの化粧室の清掃サービスに関し，計画された清掃が全て実行されたことを検証するときに使用するチェックリス

ト

その他には，例えば製造業であれば，供給者における管理の要求事項をまとめた供給者品質保証マニュアルを配付し，マニュアルの遵守を求めるとともに，遵守状況の自己評価チェックリストの提出を求めたり，供給者監査によりチェックしたりすることなどが行われています．

診断事例 44　外部提供者に対する情報（8.4.3）

▶症　状

Q 社は，自動車部品の金属切削加工を行っており，自動車会社の二次供給者（Tier 2）です．顧客は一次供給者（Tier 1）で，顧客の図面に従って鋼材を旋盤やマシニングセンターなどで切削加工を行います．従業員は 80 人ほどで，顧客の要請により ISO 9001 認証を取得しました．

顧客は，鋼材が所定の仕様を満たしていることを証明するミルシートを鋼材メーカーから取り寄せ，保管することを要求しています．

しかし，同社から鋼材メーカーへの注文書には，ミルシート提出の指示がなく，時折ミルシートの提出忘れがありました．顧客の供給者監査のときに，ミルシートがない案件が複数あり，再発防止を求められました．

▶診断結果

ISO 9001 認証を取得する際に，注文書で発注しているので問題ないと判断し，ISO 9001 の 8.4.3 の意図することを理解せずに，形式的に対応したのが良くなかったものと診断します．

製品やサービスの購買にあたり，必要なことを確実に購買先（外部提供者）に伝えなくてはいけません．

▶対応方法

購買先に伝えるべき情報は何かを関係者で協議し，決定することが大切です．そして，必要な情報を購買先に確実に伝える方法を決めなくてはいけません．

注文書で発注しているのであれば，注文書にミルシート提出の要求を明確に記載しておくことが求められます．

さらに大切なのは，**製品やサービスを購買するにあたり，何を購買先である外部提供者に伝えるべきかを協議する場が必要**です．

新規の購買案件があった際には，関係者が集まり，伝えるべき情報を検討する仕組みの整備が必要です．新規の購買案件が出てくるのは，新製品の立ち上げ時であるので，設計・開発プロセスのある段階で，外部提供者に対する情報についてレビューすることが望まれます．ある段階におけるデザインレビューの検討項目に入れ，仕組みとして整備することが必要です．

検討項目をデザインレビュー記録の様式に加えるなどの工夫も有効でしょう．

▶予防策

外部提供者に対して必要な情報を確実に伝達することが望まれます．

『JIS Q 9002:2018 品質マネジメントシステム—JIS Q 9001 の適用に関する指針』の 8.4.3 では，発注に関して，“発注の時点で，関連する全ての詳細事項を明記することが不可欠である．例えば，これらの詳細には，図面，カタログ又は型式番号，応答時間，並びに必要な納入日及び納入場所が含まれ得る．”と説明しています．

また，外部提供者に伝えるべき情報，つまり購買情報の例として“特定の溶接技術，特定の校正した機器の使用，従業員のユニフォームなどの，使用することが望ましいあらゆる方法，プロセス及び機器に関する詳細を示すことが望ましい．”とし，さらに“こん（梱）包，ラベル表示，分析証明書又は試験結果に関係する事項を挙げることができる．”と説明しています．

発注する側から考えると「もっとしっかり伝えておけばよかったのに！」とならないようにすることが大切です．特に気を付けなければならないのは，付き合いの長い購買先や外部委託先で，事細かに言わなくても互いに理解している場合です．

長年のコミュニケーションで培われたものなのでしょうが，年月が経つと人も変わります．あらためて，的確に購買情報を検討する必要があるでしょう．

＊　＊　＊

“8.5 製造及びサービス提供”は，製造及びサービス提供の部分です．その部分を**図 8.5** に示します．

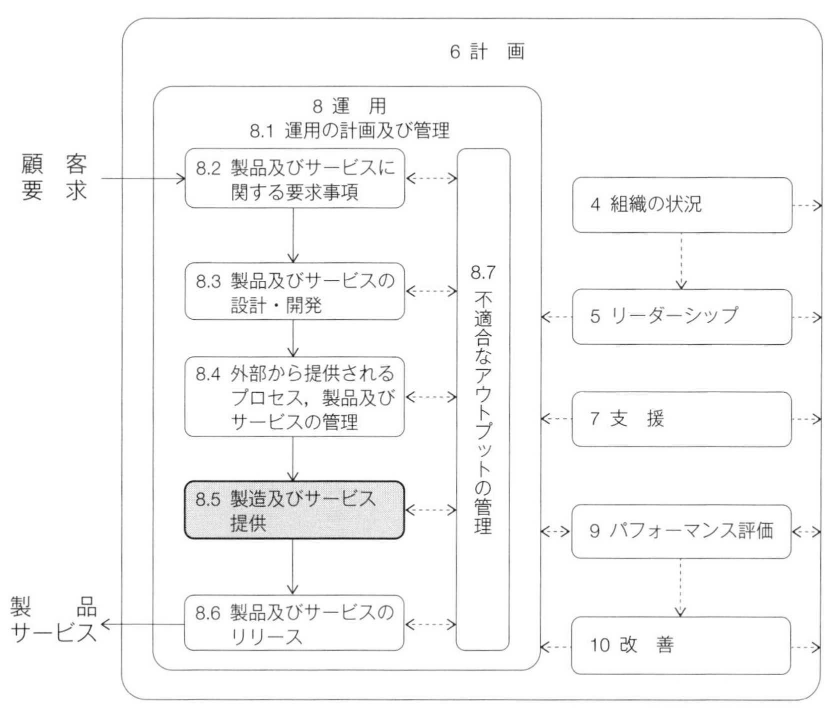

図 8.5　製造及びサービス提供の診断部分

診断事例 45　製造及びサービス提供の管理（8.5.1）

▶症　状

R 社は，配電盤などに使用される金属製ボックスの設計及び製造をしています．従業員は 50 人ほどで，顧客の要請により ISO 9001 認証を取得しました．

工程にはスポット溶接があり，特殊工程であることを理解していました．したがって，ISO 事務局である品質保証部からは，プロセスの妥当性確認のために，1 時間に 1 回破壊試験を行い，様式に従って記録することを指示されました．

しかし，製造部門では，特殊工程の意味やプロセスの妥当性確認の目的を作業員に教えることなく，記録の記入のみを指示しました．破壊試験の治具も準備されないままでしたので，作業員は，悪気もなく破壊試験をせずに記録にチェックを入れるようにしました．

そのような中，ISO 9001 認証審査があり，たまたまこの工程での審査で，審査員から破壊試験を目の前でやるように要求されました．作業員は，何のことかわからずに，破壊試験をせずに記録にチェックを入れていることを正直に話しました．

▶診断結果

どの作業もそうですが，何のためにこの作業を行っているのか，その目的を理解しておかないといけません．この事例では，プロセスの妥当性確認の目的を理解しないまま，形式的に手順を決めてしまったものと診断します．

できばえの良し悪しが簡単にわからない工程のことを特殊工程と呼びます．スポット溶接も特殊工程に該当し，確実に溶接されたのかどうかは，溶接部を破壊しなければわかりません．溶接部以外から破断すれば，確実に溶接されていたことになります．

これを全数やってしまったら製品にならないので，**最初の段階で，溶接条件や方法を確立して，そのやり方で問題がないか破壊試験を行い，確認**します．

これをプロセスの妥当性確認と言います．

しかし，**最初だけでは心配なので，定期的に確認することが必要**です．**これをプロセスの妥当性の再確認**と言います．

プロセスの妥当性確認の目的をしっかりと理解しないまま作業をしてしまうと，いつかこのような事態を招いてしまいます．

▶対応方法

まず，プロセスの妥当性確認の目的について関係者で話し合い，理解します．新人が来てもわかるように，目的を作業手順書に明記しました．

さらにR社の工程において該当する特殊工程が他にもないかを確認します．ボックスに部品を取り付ける際に，接着剤を使用する工程もあったので，プロセスの妥当性確認の対象としました．

それから，現場で破壊試験を実施しやすくするために，固定治具や試験用ハンマーを用意し，試験片を置く箱をつくり，1時間ごとに入れる枠を設けて，確実に行われていることが目で見てわかるようにしました．

さらに，今後このようなことが起こらないように，新規製品の場合に，工程設計段階で特殊工程があるのかどうかを確認し，妥当性確認方法を協議し，決定する仕組みを整備しました．

▶予防策

ISO 9001 の 8.5.1 では，管理された状態として a)～h) まで示されています．

『JIS Q 9002:2018 品質マネジメントシステム—JIS Q 9001 の適用に関する指針』の 8.5.1 では，これら a)～h) までの説明をわかりやすくしていますので，参考となるでしょう．

プロセスの妥当性確認については，ISO 9001 の 8.5.1 f) で要求されています．対象となるプロセスは，製造業では特殊工程と呼ばれるもので，溶接，はんだ付け，接着，溶着，表面処理，熱処理などが該当します．サービス業については，ほぼ全てのサービスが該当するでしょう．

『2015年改訂対応 小規模事業者のためのISO 9001 何をなすべきか―ISO/TC 176からの助言』（日本規格協会）の8.5.1で事例が示されていますので，紹介します．

> 多くのサービス産業にとって，提供されるサービスは瞬間的なものであり，そのサービスを提供する前に検査を行うことは容易ではありません．典型的な例としては，旅行の手配，航空券，あるいは列車の時刻表に関して助言を提供する小さな旅行代理店が挙げられます．助言を行うスタッフが，情報を正しく入手し，判断しなかったことや，起こり得る遅延を考慮に入れなかったことを顧客が初めて知るのは，おそらく旅に出かけた後です．

診断事例46　識別及びトレーサビリティ（8.5.2）

▶症　状

S社は，浴室などに使われる日用品のプラスチック成形加工を行っています．従業員は60人ほどで，顧客の要求によりISO 9001認証を取得しました．

トレーサビリティに関しては，部品にロット番号が入れられるような金型になっており，全数トレースができるようになっています．

しかし，ISO 9001認証審査で，審査員から材料のロットまでトレースできるのかどうかを聞かれたことで，材料ロットまでトレースしなければならないと思い込んでしまいました．

材料は，材料タンクから成形機に供給されますので，次のロットの材料とどうしても混ざってしまいます．さらに添加剤もあり，それぞれの添加剤にもロットがあるため，どこからどこまでがどの材料ロットなのか，どの添加剤ロットなのかがわからない状況でした．そのためにタンク内の材料ロットや添加剤ロットを使い切り，生産を一旦止めて，製品ロットを切り替えるようにしました．

これで，材料ロットまでトレースできるようになったのですが，生産性は著しく低下しました．

▶診断結果

審査員の発言に過剰反応してしまったと判断します．

審査員は，ただどうなっているのか聞いただけだと思いますが，材料ロットまでトレースできなければならないと間違って伝わってしまったのでしょう．

航空宇宙産業や食品産業などでは，法令・規制要求事項などにより，完全なトレーサビリティを要求している場合がありますが，この製品では，そこまでの要求はありません．

▶対応方法

実際に，どこまでのトレーサビリティが必要なのかを顧客と相談することが必要です．材料ロットまでトレースできるほうが良いに決まっていますが，日用品の場合はコストとの兼ね合いがあるでしょう．少なくとも，材料ロットとタンクに投入した日時を記録しておけば，おおよその範囲で製品から材料ロットがトレースできます．

材料ロットまで一対一でわからなくても，何か問題があった場合，ある程度の範囲で材料ロットが特定できます．

リスクとコストのバランスをうまくとることが大切です．

▶予防策

『JIS Q 9002:2018 品質マネジメントシステム―JIS Q 9001の適用に関する指針』の8.5.2では，識別及びトレーサビリティについても，わかりやすく説明しています．

ISO 9001の8.5.2の意図を“組織が，製造及びサービス提供のプロセス全体にわたって，起こり得る不適合なアウトプットに影響され得るプロセス，製品又はサービスを明確にできるように，識別及びトレーサビリティを活用することを確実にすることである．”と説明しています．

また，識別及びトレーサビリティは，製造業だけでなくサービス業にも活用できます．

『2015年改訂対応 小規模事業者のためのISO 9001 何をなすべきか―ISO/TC 176からの助言』（日本規格協会）の8.5.2では，次のように事例が示されていますので，紹介します．

> あるホテルでは，前の客がチェックアウトした後，各客室のメイクアップが完了した時点で，客室の状態が“準備中”から“使用可”に変更されます．通常は，客室サービス係がフロントに電話をかけてこの情報を伝えます．情報は何らかの適切な手段で報告されます．

電話応答サービスでは，受け取ったメッセージの状態は，最初は“メッセージ受信”です．そのメッセージを顧客に伝えた段階で，状態は“メッセージ伝達済み”に変わります．電話応答サービスでは，状態を確認するための手段として電子式レジスターを使用します．

診断事例47　顧客又は外部提供者の所有物（8.5.3）

▶症　状

T社は，レトルト食品の開発及び製造をしています．顧客は全国の量販店やコンビニエンスストアチェーンです．従業員は500人であり，一部の量販店の要求によりISO 9001認証を取得しました．現在では，ISO 9001認証とともに，食品安全マネジメントシステム規格の認証を取得しています．

同社の品質マネジメントシステムの適用範囲及びISO 9001認証範囲には，全国の営業所も含まれていたのですが，営業所員は，ISO 9001認証は品質のことだから，開発部門や製造部門の話であって，営業には関係ないという意識でした．したがって，品質マネジメントシステムもISO 9001も理解しようとしていませんでした．

そのような状況で，ある営業所で内部監査が行われました．内部監査員が営業所の事務所に入ると，机の上にたくさんのハガキがばらばらに置かれてありました．手に取ってみるとキャンペーンの応募ハガキでした．応募した人の住所，氏名，電話番号などの個人情報が記載されていました．

内部監査員は「応募ハガキも個人情報にあたり，顧客の所有物になるのだから，しっかり管理をしなくてはいけない」と指摘しました．しかし，営業所員は，「そんなこと関係ないだろう」と相手にしませんでした．

▶診断結果

品質マネジメントシステムやISO 9001に関心をもたなかった結果，**管理すべき顧客の所有物の認識が足りず，このような状況になってしまった**と診断します．

個人情報保護法にも抵触する重大事案です．ISO 9001を一度でも見れば，個人情報が顧客の所有物であることが理解できるはずです．ISO 9001の8.5.3の注記には“顧客又は外部提供者の所有物には，材料，部品，道具，設備，施設，知的財産，個人情報などが含まれ得る．”と明記されています．

T 社では，量販店が直接の顧客なのですが，消費者も当然顧客に該当します．

▶対応方法

まず，全国の営業所員に個人情報保護法や ISO 9001 要求事項，そして T 社の品質マネジメントシステムについて教育をしなければならないでしょう．

そのうえで，応募ハガキなどの消費者の個人情報も顧客の所有物として位置付けて，有効な管理方法を定め，実施しなければなりません．

▶予防策

顧客又は外部提供者の所有物というと有形のものを想像する人が多いと思いますが，無形の場合もあります．

『JIS Q 9002:2018 品質マネジメントシステム—JIS Q 9001 の適用に関する指針』の 8.5.3 では，次のように説明しています．

> 所有物は，有形の場合と無形の場合とがある（例えば，材料，道具，顧客の施設，知的財産又は個人データ）．
>
> 例 1　顧客が，製品の製造又はサービスの提供に使用する材料，設備，知識又はデータを提供し得る事例には，次のものが含まれる．
>
> —測定を目的として提供される機器
>
> —サービス又は修理のために置いている車両
>
> —プリント基板に配置するための構成部品
>
> —最終製品のための特殊な包装
>
> —修理のために預かっている家電機器（例えば，洗濯機）
>
> —クレジットカード会社に提出された，又はインターネットでの買い物のために提出された財務データ及び個人データ

診断事例 48　保存（8.5.4）

▶症　状

U社は，アルミダイカスト及びプラスチック成形用金型の設計及び製造を行っています．自動車関連の顧客からISO 9001認証を取得することを勧められ，取得しました．

設計業務や加工については，従来から仕組みが整っていたため，特に大変さはなかったものの，保存については特に決まりがなく，仕組みもありませんでした．

ISO 9001要求事項を見ても，何をしてよいのかよくわからなかったため，完成後から出荷までの間，とりあえず，保管場所を決めて，保管することとしました．

しかし，夏場の湿度の高いときなどは，運搬中に錆が発生するため，防錆剤を塗布することもしていますが，作業者によって，やったりやらなかったりという状態です．

防錆剤を塗布すると，顧客側で防錆剤をふき取る作業が必要なため，できるだけ防錆剤を塗布しないように言われているのですが，錆があると製品に影響がでるため顧客が錆取りをしなければならず，防錆剤をふき取る作業よりも，かなりの時間と労力がかかるので大変な迷惑をかけてしまいます．

▶診断結果

製品を完成させるところまでは，仕組みとしてきちんと整備したのですが，顧客に製品が届くまでのことを考慮していなかったものと診断します．顧客のところに届くまで製品の適合状態を維持するのは，組織の責任です．

▶対応方法

まず，湿度と錆の発生の関係をデータで分析して基準を設けます．基準となる湿度を超えた場合は，出荷前に防錆剤を塗布することとし，その手順を作業標準書に記載します．さらに，製品完成後で考慮すべきことはないかを検討し，必要な場合は，仕組みとして整備します．

▶予防策

保存というと，製造業ではイメージが湧きやすいですが，サービス業では何が該当するのかイメージが湧きにくいと思います．

『JIS Q 9002:2018 品質マネジメントシステム—JIS Q 9001 の適用に関する指針』の 8.5.4 a) では，サービス業の保存の必要性の例を次のように紹介していますので，参考にしてください．

—レストランでは，提供できる準備が整うまで，食事を適切な温度に保つ．

—情報通信技術会社が，定期的なバックアップ及びウィルス保護によって，データの完全性を保つことを確実にする．

—ワクチンの有効期間及び保存状態を守る．

—学業試験の問題用紙が漏れないことを確実にする．

—病院の手術室を“クリーニング”する．

診断事例49 引渡し後の活動（8.5.5）

▶症 状

V社は，分譲住宅の設計，施工管理及び販売をしています．従業員は40人ほどで，住宅を購入する顧客の信頼を得るため，ISO 9001認証を取得しました．

経営者は，住宅の品質を大変重視しており，有効な品質マネジメントシステムとなることを期待していました．したがって，品質の良い住宅を提供することだけに関心が集まってしまいました．

パンフレットのうたい文句には，住宅購入後1か月後，半年後，1年後，さらに5年後，10年後に不具合箇所がないかどうかを担当営業員が直接訪問して，メンテナンス調査をすることになっていました．しかし，担当営業員が異動したり，退職したりしたことから，メンテナンス調査がうまく引き継がれず，実施できないケースが増えました．その結果，顧客からは苦情や不満が多く寄せられるようになりました．

▶診断結果

ISO 9001の8.5.5の要求事項の意図が理解されず，引渡し後の活動が品質マネジメントシステムとして整備されていなかったと診断します．

実際，ISO 9001の8.5.5の注記では，“引渡し後の活動には，補償条項（warranty provisions），メンテナンスサービスのような契約義務，及びリサイクル又は最終廃棄のような付帯サービスの下での活動が含まれ得る．”と明記されています．

製品やサービスを提供するまでの仕組みに関心が向きすぎ，その後の活動の重要さに気付いていない組織が多いのも事実です．

しかし，引渡し後の活動を品質マネジメントシステムの重要な要素として整備しなければ，顧客の不満や製品・サービスの「ムダ」などを受け止め，今後の改善に役立てることができません．

組織の発展のためにも，有効な引渡し後の活動としなければなりません．

▶対応方法

引渡し後のメンテナンス調査について，どの段階で，何を調査すべきなのかを再度検討し，その手順を明確にしてメンテナンス調査マニュアルを作成します．そして，このマニュアルに基づき，全営業員を再度教育します．

また，1 年以内の補償，5 年以内の補償，10 年以内の補償内容をきちんと取り決め，これらについてもパンフレットに明記したうえで，契約書にも盛り込むようにします．

▶予防策

『JIS Q 9002:2018 品質マネジメントシステム—JIS Q 9001 の適用に関する指針』の 8.5.5 では，引渡し後の活動の例が次のように示されています．

a）顧客が製品又はサービスに満足しているかどうかを明らかにするための，顧客との積極的な関わり

b）現場での設備の据付け及び顧客の古い設備の処分

c）補償，技術サポートなどの，契約上の取決め

d）例えば，航空便の状況，よくある質問（FAQ）などの，製品又はサービスの引渡しに関するオンライン情報への，顧客によるアクセス

e）製品の認証

f）電話で技術サポートサービスを提供するコンピュータ小売業者

診断事例 50　変更の管理（8.5.6）

▶症　状

W社は，ポリエチレン製水道用タンクの設計及び製造しています．ISO 9001 認証取得は特に求められていませんでしたが，同業他社の認証取得状況から自社でも必要であると判断し，取得しました．

製品の原料は日本製ポリエチレンです．製品コストに占める原材料費の割合がかなり高く，原料のコストダウンは必須の課題となっていました．そのような状況の中，幸いにも懇意にしている商社から，まったく同じグレードで海外製の安くて良い原料があるとのことで，少量の原料を取り寄せ，試作しました．

検査結果においてもまったく問題がありませんでした．そこで採用を決め，量産向けに大量発注しました．これでかなりのコストダウンができるものと経営者は期待していました．

しかし，実際に量産が始まると，試作では見られなかった寸法不良や外観不良が多発し，生産性が著しく低下し，かえってコストが上昇してしまいました．結局，元の日本製の原料に戻しましたが，値上げを要求されてしまい，その要求をのまざるを得ませんでした．

▶診断結果

変更管理の仕組みが不十分であると診断します．

生産の4要素である，人（Man），設備（Machine），原材料（Material），方法（Method）の変更には，特に気を付けなければなりません．これらの4要素のことを英語の頭文字をとって「4M」と呼ばれています．

4Mをはじめ，あらゆる変更に関しては，確実にその影響を評価することが望まれます．一番困るのは，知らないうちに勝手に変更してしまうことです．これは，組織内だけでなく外部提供者での変更も注意が必要です．

勝手に変更してしまうことで悪い影響が及ぼされることが実に多く，サイレントチェンジ（silent change）と呼んで，絶対避けるべきことであると認識し，共有することが大切です．

▶対応方法

変更管理に関するルールを明確にし，共有します．W 社では，「4M 変更管理規程」を制定し，全社で共有しました．変更を希望する部門から変更申請をしてもらい，品質保証部門で評価し，影響度合いによって柔軟に対応できるようにしました．

影響の大きい変更に関しては，新製品開発レベルでレビュー，検証，妥当性確認を行います．影響の小さい変更に関しては，書類の確認のみで済ませるようにしました．また，外部委託先にも「4M 変更管理規程」を適用して，遵守するように要求しました．

最初は，申請書の提出が忘れられたり，遅れたりしたものの，変更管理の重要性を理解してもらったせいか，組織内だけでなく，外部委託先からも申請書が適切に提出され，変更管理が効果的に行われるようになりました．

その結果，4M 変更の問題はほとんど起こらないようになりました．

▶予防策

変更は何らかの目的で行われるものですので，おそれるあまり変更をしないというのは，せっかくの機会を逃すことになってしまいます．しかし，「何かを変えれば，何かが起こる」と言われているように，変更に関しては，リスクがあることを理解し，対応することが望まれます．

『JIS Q 9002:2018 品質マネジメントシステム—JIS Q 9001 の適用に関する指針』の 8.5.6 では，変更管理に関して手引が示されています．変更の理由についても触れられており，変更管理の対象の事例を学ぶことは参考になることでしょう．変更の理由について，次のように示されています．

> 変更の理由は，多様であり得る．例えば，変更の必要性は，外部提供者（例えば，引渡しの遅延，品質の問題），内部の課題（例えば，重要な設備

の故障，再発する不適合なアウトプット），又は外部の課題（例えば，新たな若しくは変更された顧客要求事項若しくは法令・規制要求事項）がきっかけで生じ得る．

＊　　　＊　　　＊

"8.6 製品及びサービスのリリース" は，製品及びサービスをリリースする部分で，ものづくりやサービス提供の最終段階です．その部分を**図 8.6** に示します．

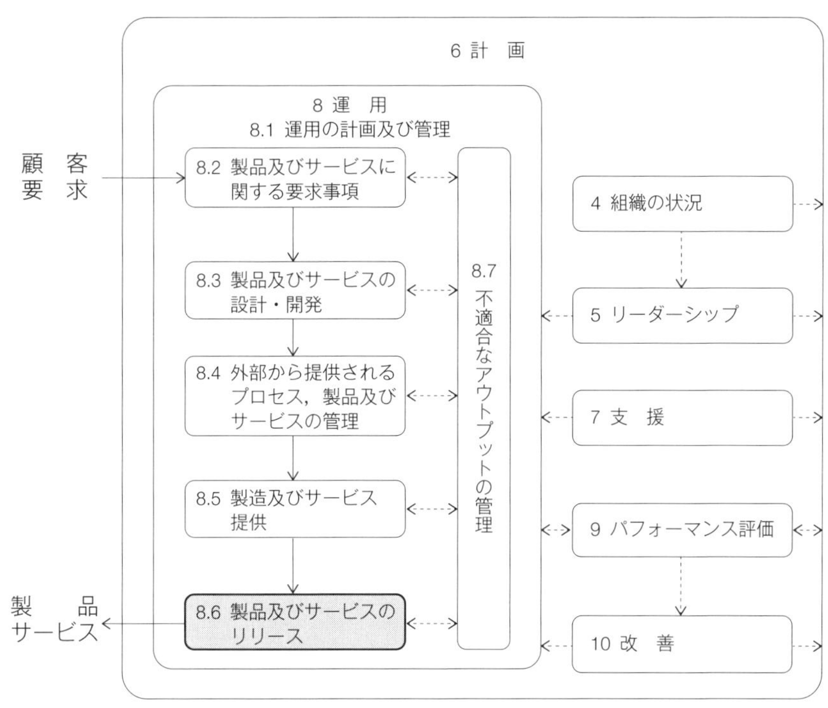

図 8.6　製品及びサービスのリリースの診断部分

診断事例51　製品及びサービスのリリース（8.6）

▶症　状

X社は，住宅用のフローリング材の設計及び製造をしています．従業員は250人で，顧客である住宅メーカーからの要請もあり，ISO 9001認証を取得しました．

最終検査では，認定された検査員が検査を実施し，検査結果を検査記録書に記録し，検査記録に基づいて検査成績書を発行し，顧客に送付します．

検査員は，品質保証部品質管理課検査係に所属しており，検査記録には，検査員の印鑑，検査係長の印鑑，品質管理課長の印鑑，品質保証部長の印鑑が押されています．

出荷許可の権限は品質保証部長がもっています．実は，検査係長も品質管理課長も品質保証部長も，業務多忙なため，検査記録の確認をする時間がなかなか取れません．また，検査係長も品質管理課長も品質保証部長も，検査室にいつもいるわけではありません．

このような事情から，検査員の机の上には，検査係長，品質管理課長，品質保証部長の印鑑が置いてあり，検査員が全て押印していました．

▶診断結果

よくある光景です．ISO 9001の8.6の要求事項の解釈が堅くなっているものと診断します．

リリースを正式に許可した人に対するトレーサビリティの記録を要求していますが，リリースを正式に許可した人が記録されるか，自動検査機などで，許可した人がいない場合は，誰が責任者であったのか，あるいは自動的なリリースについての許可について記述しておけばよいということです．

この事例の場合，検査係長，品質管理課長，品質保証部長それぞれの印鑑が検査員に渡されているということは，検査員に権限を委譲していることになるので，検査員の印鑑だけでよいはずなのです．

この事例のように，まるでスタンプラリーみたいになっている例を多く見かけますが，効率化のためにも見直しが必要でしょう．

▶対応方法

実態に合わせて，仕組みを変えていくことも大切です．検査員が黙って勝手に課長や部長の印鑑を持ってきて使っていたとすると，これは不正になります．**実態として不正でなくても，この状態のままでは，新たな品質コンプライアンス上のリスクが生じます．**

また，検査員に出荷許可の権限を委譲するのではあれば，責任権限規程や職務記述書に明記しておくことが望まれます．出荷許可の権限は委譲するが，責任は責任者である自分がとるということです．

しかし，権限委譲は厳密に行うことが求められます．認定検査員に権限委譲した旨を記述した証拠を保持し，必ず認定検査員のみが検査を実施する仕組み，つまり認定検査員以外が検査を実施できないような仕組みが必要です．

▶予防策

『JIS Q 9002:2018 品質マネジメントシステム—JIS Q 9001 の適用に関する指針』の 8.6 では，製品及びサービスのリリースについての文書化した情報の保持について，次のように説明しています．

a）許可した人が署名する．

b）特定の基準が満たされた時点での，製品の自動的なリリースに関する包括的許可を詳述する（例えば，オンライン販売における自動電子支払いの許可）．

＊　　＊　　＊

“8.7 不適合なアウトプットの管理”は，アウトプットされた不適合な製品やサービスを管理する部分です．その部分を**図 8.7** に示します．

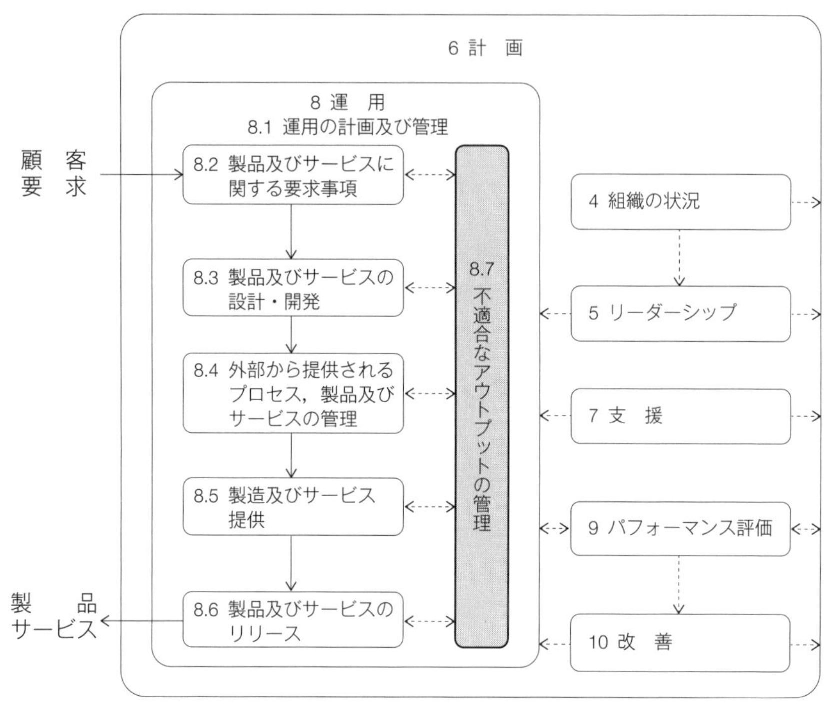

図 8.7 不適合なアウトプットの管理の診断部分

診断事例 52　不適合なアウトプットの管理（8.7.1）

▶症　状

Y 社は，ゴムパッキンを製造しています．従業員は 100 人で，顧客の要請により ISO 9001 認証を取得しました．

不適合製品の識別について，インターネットや参考図書を調べると，「赤箱」と呼ばれる容器に入れている例が紹介されていたので，赤箱を使うことにしました．

製品が小さいこともあり，現物に表示することは無理なので，赤箱は便利だったのですが，実際には，すぐに不適合製品と判断できるものと疑わしいものがあり，疑わしいものについては，後でじっくり調べて，問題ないものはラインに戻し，不適合製品と判断したものは赤箱に入れていました．

しかし，明らかに不適合製品と判断できるものは少なく，疑わしい製品のほうが圧倒的に多いのでした．そうなると，赤箱に入っていない疑わしい製品がいっぱいになり，設備の上などあちこちに置かれるようになりました．

同社は交代勤務をしているので，後から来た作業員は，疑わしい製品なのかどうかもわからずに，全てラインに戻してしまうことが頻繁に発生しました．

その結果，不適合製品が数多く流出し，顧客に迷惑をかけることになってしまいました．

▶診断結果

ISO 9001 の 8.7 が要求する識別の意図を理解しないまま，形式的な対応をしてしまったものと診断します．

ISO 9001 の 8.7.1 では“組織は，要求事項に適合しないアウトプットが誤って使用されること又は引き渡されることを防ぐために，それらを識別し，管理することを確実にしなければならない．”と要求しています．

この事例においては，**不適合製品が誤って後工程に流出したり，顧客に出荷されたりしないことを目的にして，効果的な識別方法を考えて実施しなさいと**

いうことなのです.

▶対応方法

疑わしい製品も不適合製品と考えることにします．そして，関係者全員がその認識をもつようにします．疑わしい製品を識別するために，黄色の容器を用意して「黄箱」と名付け，そこに入れることにしました.

黄箱に入っている疑わしい製品を確認して，問題がなければラインに戻し，不適合製品と判断されれば，赤箱に入れることとし，作業手順書にも明記しました.

▶予防策

不適合なアウトプットの管理に対しても，目的や意図を理解することが大切です.『JIS Q 9002:2018 品質マネジメントシステム—JIS Q 9001 の適用に関する指針』の 8.7.1 では，その理解を助ける手引が示されていますので，参考にするとよいでしょう.

不適合なアウトプットの管理は，製造業だけが適用されるわけではなく，サービス業にも適用されます．JIS Q 9002 でも事例が示されていますので，紹介します.

> 事例としては，航空機が遅延した結果として，出発できるまで，又は乗客が別の便を予約し直すまで支援し，食事及び／又は宿泊施設を提供する航空会社が挙げられるだろう.

診断事例 53　不適合なアウトプットの管理（8.7.2）

▶症　状

Z 社は，ビルディングなどで使用される自動ドアの据付工事業者です．従業員は 40 人で，顧客は自動ドアメーカーであり，顧客の依頼により据付工事をします．顧客の要求により ISO 9001 認証を取得しました．

据付工事は，現地で行われるため，様々な環境下での作業となり，失敗となることも多いです．しかし，経営者は前向きに考えており，「失敗は成功のもと」ということで，失敗した内容を細かくパソコンに入力して，分析し，今後の改善に役立てていました．不適合となった内容，それに伴う処置，対応責任者など，必要な情報をスプレッドシートに入力して，グラフなどを作成し，傾向分析をしていました．

ところが，ある年の内部監査で，ISO 9001 の 8.7.2 では，不適合なアウトプットに対して，文書化した情報を保持することが要求されているのに，パソコンのデータしかないことを内部監査員に指摘されました．それに伴い，パソコンに入力した後で，紙の様式に転記して，保管するようにしました．

▶診断結果

残念ながら，この内部監査員は，不適合なアウトプットに対する文書化した情報の保持，すなわち記録は紙でなければならないと思い込んでいたようです．

内部監査員だけでなく，被監査側も不適合なアウトプットに対する文書化した情報を保持する意図が理解できなかったものと診断します．

▶対応方法

不適合なアウトプットに対して，**文書化した情報を保持する意図は，不適合なアウトプットに対して，確実な処置をとる**ことがありますが，それだけでなく，**不適合なアウトプットの情報を蓄積し，傾向を分析することで，**さらなる

改善に活かすことがあります．

したがって，失敗した内容を細かくパソコンに入力して，分析し，今後の改善に役立てていることは正しいことなので，元のやり方に戻せばよいでしょう．

▶予防策

『JIS Q 9002:2018 品質マネジメントシステム—JIS Q 9001の適用に関する指針』の8.7.2では，不適合なアウトプットに対する文書化した情報に関して，不適合の傾向を分析するための基礎としても使用できると説明しています．

さらに，文書化した情報の例として，かなり柔軟な対応が次のように示されています．

—不適合なアウトプットに関する情報を含むデータベース

—製品とともに保持する記入済みフォーム

—製品及びサービスの提供に関する情報を保管する製造システム

—モバイルアプリケーション

第9章　パフォーマンス評価の診断

パフォーマンス評価に潜む「ムダ」となっている部分について診断します．

人も自分の健康状態を知ることが大切で，定期的に健康診断を受けていることでしょう．品質マネジメントシステムも同じで，狙っている結果が得られているのかどうか，問題があるかどうかを見いだすことが必要なのです．

人の身体でいうと，目や耳そして脳に該当する部分と言えます．この部分で悪いところがあると，品質マネジメントシステムに潜んでいる「ムダ」が見いだせなくなり，それによって改善が進まなくなってしまうのです．

図9.1 にパフォーマンス評価の部分を示します．

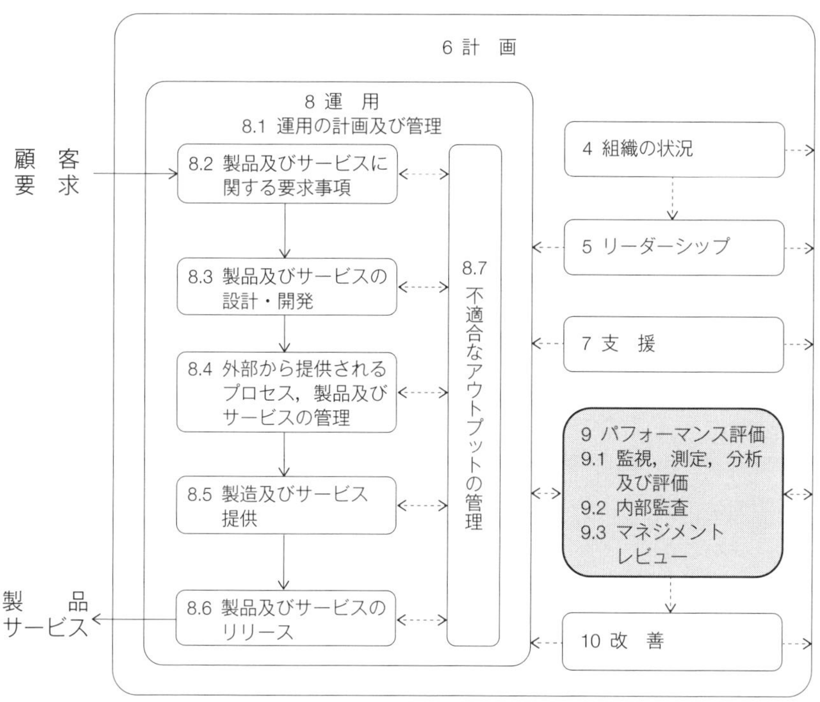

図9.1　パフォーマンス評価の診断部分

診断事例54 監視，測定，分析及び評価（9.1.1）

▶症 状

A社は，自動車の駆動系部品の設計及び製造をしている一次供給者（Tier 1）です．品質マネジメントシステムの適用範囲であるサイト（製造工場）は，従業員800人ほどです．顧客の要求により，ISO 9001認証を取得し，IATF 16949認証も取得しました．

同社は，長年自動車メーカーの協力会社として貢献してきました．ところが昨今，海外自動車メーカーとの取引も増えてきたため，ISO 9001認証から始まり，IATF 16949認証も取得する必要が出てきたのです．

ISO 9001の9.1.1の品質マネジメントシステムのパフォーマンス及び有効性を評価しなければならないという要求事項に対しては，製造プロセスにおいては，従前より不適合品率，直行率，歩留まりといった，製造にかかわる数々の指標は評価をしていましたが，設計プロセスにおける指標は，特に設定しておらず，評価の対象にもなっていませんでした．

ある年のISO 9001認証審査で，設計プロセスのパフォーマンス評価も行うように示唆されたので，仕方なく，差し障りがないような指標を打ち立てて，やり過ごすことにしました．

パフォーマンス指標としては，デザインレビューの実施率，デザインレビューで指示された処置の実施率を設定しました．その結果，全て100%となりました．

▶診断結果

どうせやるなら，前向きに効果的な方法を考えるべきです．品質マネジメントシステムのパフォーマンス評価について，形式的な対応をしてしまったものと診断します．

パフォーマンスとは，測定可能な結果ですので，**設計プロセスのパフォーマンスとなると設計品質がどれだけつくり込まれたのかどうかがポイント**になります.

この症状の原因としては，設計プロセスに期待されていることは何かを理解せず，安易に指標を設定したことが考えられるでしょう.

▶対応方法

まずは，設計プロセスに期待されていることを検討します．検討の際には，製造部門，購買部門，品質保証部門などの他の部門からも意見をもらうとよいでしょう.

とりあえず考えられるのは，設計起因のトラブルの有無があります．いわゆる設計ミスがあったのかどうかです．設計プロセスにおける手戻りの割合も評価できるでしょう．有効なデザインレビューでなかったために起こるやり直しです．それと，いくら設計品質がつくり込まれたといっても設計スケジュールが大幅に遅れて，後のプロセスに迷惑をかけていたのではいけません．設計スケジュールの遵守率も指標となり得るでしょう.

また，設計プロセスのように，上流プロセスは下流のプロセスや品質マネジメントシステム全体のパフォーマンスにも影響しますので，それらも考慮するとよいでしょう．例えば，設計の良し悪しで，製造プロセスにおける生産性に影響することがあります.

▶予防策

『JIS Q 9002:2018 品質マネジメントシステム—JIS Q 9001 の適用に関する指針』の 9.1.1 では，品質マネジメントシステムのパフォーマンス及び有効性の評価について説明されています.

品質マネジメントシステムのパフォーマンス及び有効性について，“‘パフォーマンス’は組織の測定可能な結果であり，‘有効性’は計画した活動を実行し，計画した結果を達成した程度である.”としています.

また，『JIS Q 9004:2018 品質マネジメント—組織の品質—持続的成功を達成するための指針』の 10.4（パフォーマンス評価）では，組織のパフォーマンスについて，ベンチマーク（ベンチマーキング）という方法で比較することを推奨しています．

『JIS Z 8141:2001 生産管理用語』では，ベンチマーキングを“特定企業の優れた活動の状況を記録として残し，企業活動の一つの基準とする方法．”と定義しています．

診断事例 55　顧客満足（9.1.2）

▶症　状

B社は，工作機械などの産業機械向けに制御盤の設計及び製造をしています．顧客の要求もあり，ISO 9001 認証を取得しました．従業員は 120 人ですが，そのうち 20 人が営業の仕事をしています．

営業スタイルは，継続している顧客に対して比較的頻繁に訪問し，新規製品の立ち上げなどの情報を仕入れ，見積もりを提示し，契約となったら技術部門に引き渡す形です．新規の顧客の場合は，引き合い情報に基づき，訪問します．

顧客満足度を調査することになり，いろいろ検討しましたが，インターネットの情報からアンケート調査のサンプルが見つかったので，それを使うことにしました．評価対象は，「品質」「納期」「コスト」の 3 項目で，評価は「とても悪い」から「とても良い」までの 5 段階評価でした．

どの顧客アンケートも品質と納期は「とても良い」の 5 点か，「良い」の 4 点ですが，コストは「とても悪い」の 1 点か，「悪い」の 2 点が付けられていました．また，コメント欄を設けているのですが，記入してくれたことは一度もありませんでした．

▶診断結果

顧客満足度調査というとすぐアンケート調査というように，短絡的に考えてしまったものと診断します．

インターネットでのアンケートのサンプルは一般消費者向けのものだったようです．**一般的に，B to B（会社対会社）の取引の場合，アンケート調査が効果的でないことがあります**．なぜなら，顧客別の担当営業員がいるので，顧客とはいつも会っていますし，アンケート結果は顧客を代表している意見ではなく，たまたまアンケートに答えた人の個人的な意見だからです．

このようなアンケート調査は，活用もできず，ただ調査して終わりというケースがよくあるので，注意が必要です．

顧客のニーズ及び期待が満たされているか否かについて，どのように監視すべきなのかを真剣に考えなかったことが原因の一つと言えるでしょう．

▶対応方法

実際に営業員が顧客に訪問しているわけですから，顧客の生の声を聞いているはずですので，そのデータを活かさない手はないでしょう．その際は，納入した製品の評価だけでなく，「営業との打合せや技術部門との仕様の検討時において何か不満はないか」「今後改善すべき点はないか」「製品について改良すべき点はないか」「納入後の対応に問題がなかったのか」を顧客の立場になって親身になって聞き出してくることにしました．

そのための共通的な質問事項を営業員全員で検討し，チェックリストを作成しました．さらに，技術部門や製造部門に対しても顧客に何か聞いてほしいことがないか確認して，チェックリストに反映させました．

さらに，顧客からの情報は，社内情報通信システムにアップロードすることにし，迅速に顧客情報を共有することができるようになりました．

▶予防策

『JIS Q 9002:2018 品質マネジメントシステム—JIS Q 9001の適用に関する指針』の9.1.2では，顧客満足の情報入手方法の例が示されています．

a)　意見調査

b)　顧客とのコミュニケーション

c)　引き渡した製品又はサービスの品質に関する，顧客から得られたデータ

d)　市場シェアの分析

e)　賛辞

f)　苦情

g)　補償請求

h) ディーラ報告

i) ウェブサイト，掲示板などのソーシャルメディア

j) 請求書照会

k) 新聞，雑誌などの公表情報

また，『2015 年改訂対応 小規模事業者のための ISO 9001 何をなすべきか—ISO/TC 176 からの助言』（日本規格協会）の 9.1.2 では，パン屋さんの事例を用いて説明しています．この事例からは，顧客満足について堅苦しく考える必要がないことがわかるでしょう．

パン屋の店員は来店客に毎日話しかけ，お困りのことはないでしょうか，お買い求めの商品はおいしく召し上がっていただけましたかと尋ねる機会を作ります．また，お探しの商品はございましたか，他に置いてほしいパンはございませんかとも尋ねます．来店客の意見を集めた店員は，提案事項を書き留めてスタッフミーティングで伝えます．

診断事例56 分析及び評価（9.1.3）

▶症 状

C社は，スナック菓子の開発及び製造をしています．主な顧客は，量販店，コンビニエンスストアチェーンなどです．従業員は300人と中堅規模でありながら，ヒット商品にも恵まれて，全国的にも有名になりつつあります．ISO 9001認証取得に続き，食品安全マネジメントシステム規格の認証を取得しています．

新製品を継続的に出していくことが，大手のライバル会社と競合していくうえで大変重要になっています．

同社では，市場における自社製品の評判を把握するために，定期的に一般消費者のモニターを募集し，試食してもらった結果により製品を評価しています．

モニターはウェブサイトなどで呼びかけて集めますが，予算も限りがあるので，いつも30人程度で行っています．競合他社との優位性の評価，新製品案の最終絞り込みなどの判定に活用しています．30人であれば，その過半数である16人以上が判定したほうを採用し，最終的には役員会で決定されます．

以前，実施された競合他社製品との比較で，30人中18人も自社製品のほうがおいしいと判定したので，経営者，役員，社員の皆が喜びました．消費者の皆さんがわが社の製品のほうがおいしいと判断したことを自社のウェブサイトで紹介しました．

▶診断結果

消費者モニターを利用すること自体は，大変良いことなのですが，せっかくのデータをうまく分析できなかったものと診断します．

データ分析では，統計的手法が有効ですが，この事例では，統計的手法がうまく使えていないことが判断を誤ってしまうリスクにつながっていると思われます．30人のうち18人がC社の製品のほうがおいしいと判断しても，世の中の人の半数以上が同社の製品をおいしいと判断するとは限りません．統計的手法を使って，判断の誤りの確率を低くすることが望まれます．

ISO 9001 の 9.1.3 の注記では“データを分析する方法には，統計的手法が含まれ得る．”と示されています．

▶対応方法

全社的に統計的手法の理解を広げていくことが大切です．知らなければ，使いようがないからです．

このように，**統計的知識が不足しているために，正しい判断がされていないケースをよく見かけます．わずかなサンプル数だけで判断し，後で問題となる例は本当に多いです．**

品質マネジメントシステムを運用する中で，利用する統計的手法を決めておくことがよいでしょう．そして，欠かせないのが教育です．

品質管理手法を含め，統計的手法の教育を全社的に進めることが望まれます．効果的に進めるために，品質管理検定（QC 検定）を活用するとよいでしょう．

QC 検定とは，個人の QC 意識の向上，組織の QC レベル・知識の向上，製品及びサービスの品質向上を図り，産業界全体のものづくり・サービス提供の質の底上げを目的とした制度です．年 2 回行われ，毎回多くの人が受検しています．ただ単に勉強するよりも，合格することを目的にしたほうががんばれるし，達成感もあります．入門レベルの 4 級から最上級の 1 級まであるので，継続的に学習してステップアップしていくとよいでしょう．

QC 検定 2 級以上レベルの人は，この事例における C 社の判断の誤りの確率が大きくリスクがあることがわかるでしょう．

▶予防策

『JIS Q 9002:2018 品質マネジメントシステム—JIS Q 9001 の適用に関する指針』の 9.1.3 a)，b) では，製品とサービスに対するデータ入手先の例を挙げています.

製品に関しては,“歩留まり,特定の要求事項への適合（例えば,顧客要求事項,法令・規制要求事項),不適合率［例えば,百万分率（PPM)],スクラップ及び手直し,納期遵守,注文の履行”を挙げています.

サービスに関しては,“待ち時間,顧客の課題の解決に関する指標,アクセスのしやすさ,清潔さ,維持管理,親切さ”を挙げています.

『JIS Q 9027:2018 マネジメントシステムのパフォーマンス改善―プロセス保証の指針』では,プロセス保証においても統計的手法が有用であることを示しています.

特に,工程能力指数（5.1）において,そのデータ数を“最低でも 50,できれば 100 以上のデータから求めるのが基本である.”としており,“データ数が 10 程度などあまり大きくないときは,表 6 に示す工程能力指数の信頼区間を求め,その下限で工程能力の評価を行う”ことを推奨しています.

実態として,10 以下のデータ数の場合でも信頼区間を求めずに,単純に,工程能力指数を算出し,判断している例をよく見かけますので,注意が必要です.

診断事例 57　内部監査（9.2.1）

▶症　状

D 社は，アルミニウム合金の押出加工を行っています．従業員は 500 人ほどです．さらなる高品質の製品づくりを目指す活動の一環として，ISO 9001 認証を取得しました．

もともとまじめな社風だったせいもあり，品質マネジメントシステムの運用に関しては全従業員とも積極的で，これに関しては経営層も品質管理責任者も満足しています．しかし，顧客からのクレームが多くなっており，実際の製品品質は向上しているとは言えない状況です．

経営層も品質管理責任者も疑問に思っているのは，顧客クレームも多く，良い結果が得られていないのにもかかわらず，内部監査で一つも指摘が出ていないことです．

毎年，全部門に対して内部監査を行っており，被監査部門も数多くあることから，準備も含め，内部監査の実施に相当な時間を費やしています．しかし，この 5 年間くらいで 1 件も指摘が出ておらず，ISO 9001 認証審査で，審査員からは，毎年内部監査の見直しを推奨されています．

▶診断結果

内部監査の目的が十分に理解されていないと診断します．

ISO 9001 の 9.2.1 では，組織の品質マネジメントシステムが次の状況にあるか否かに関する情報を提供するために内部監査を実施することが求められており，二つの状況が示されています．

一つは，品質マネジメントシステムに関して，組織自体が規定した要求事項と ISO 9001 要求事項に適合していることです．**もう一つは，有効に実施され，維持されていること**です．

わかりやすいところから説明しますと，組織の品質マネジメントシステムが ISO 9001 要求事項に適合しているかどうかを確認することが，まず一つあります．ISO 9001要求事項と照らし合わせてみて，自組織の品質マネジメントシステムが満足しているかどうかを確認しなければなりません．そして，もう一つがわかりにくいのですが，組織が規定した要求事項とは，組織が満たすと決めた要求事項のことで，顧客の要求事項や法令・規制要求事項などの社会の要求事項，さらに経営者や従業員などの要求事項があります．

これらの要求事項を満たすような品質マネジメントシステムとなっているかどうかを確認することを求めています．

さらに有効に実施され，維持されていることを確認しますが，これは，計画していたことが計画どおり実施され，狙った結果が得られたのかどうかを確認することなのです．

つまり，内部監査における監査ポイントは二つあるということです．これをわかりやすく**図9.2**に示します．要求事項を「ニーズ・期待」と表現しています．

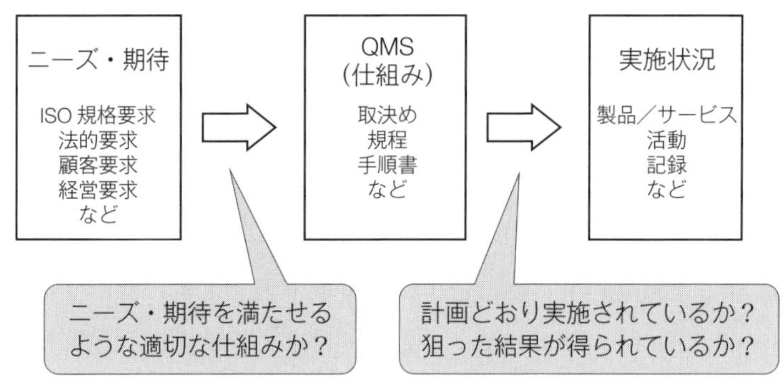

図9.2　内部監査における監査ポイント

同図の右側にある「計画どおり実施されているか？　狙った結果が得られているか？」は，もっとわかりやすく言うと「ルールどおり実施しているか？　自ら設定した目標を満たしているか？」ということになります．これについては，内部監査でも比較的しっかりやられていると思います．

ところが，左側の「ニーズ・期待を満たせるような適切な仕組みか？」という観点で内部監査を実施している組織は少ないのではないでしょうか．

右側の「計画どおり実施されているか？　狙った結果が得られているか？」の観点だけで内部監査を実施していると，そのうちに指摘が出てこなくなります．それは，さすがに何年も品質マネジメントシステムをまじめに運用してくれば，ルールどおりにできるようにはなりますし，自分で設定した目標ならクリアすることができるようになるでしょう．

こちらが十分にできるようになったら，左側の「ニーズ・期待を満たせるような適切な仕組みか？」という観点で内部監査を実施しなければならないのです．

様々（密接に関連する利害関係者）なニーズ・期待は変化していきますし，より高まっていきますので，もう指摘することがないということはないはずなのです．

▶対応方法

内部監査の目的を理解することが大切です．何のために内部監査を行うのかがわからずに，ただチェックリストを埋めればよいと考えていては，効果的な内部監査は期待できません．それにはまず，内部監査員の教育が大切です．

十分な教育もせずに内部監査員になっている例をよく見かけます．業務が忙しく，あまり時間が取れないということもあるのでしょうが，**最初にきちんと教育し，内部監査員に力量をもたせることで，効果的な内部監査が実施でき，品質マネジメントシステムが継続的に改善していく**のです．

内部監査員に力量をもたせるには，力量をもたせるための適切な教育をする必要があります．現在では，内部監査員の認証制度があり，第三者の客観的な評価によって力量が実証できます．

一般財団法人日本要員認証協会 マネジメントシステム審査員評価登録センター（JRCA）がマネジメントシステム内部監査員（MS 内部監査員）の認証を行っています．JRCA に承認された研修コースを実施している研修機関で受講し，合格することで申請することができます．内部監査員の力量確保のために，このような制度を利用するのもよいでしょう．

▶予防策

『JIS Q 9002:2018 品質マネジメントシステム―JIS Q 9001 の適用に関する指針』の 9.2.1 でも説明されていますが，“毎回の監査で JIS Q 9001 の全ての箇条，又は品質マネジメントシステムの全てのプロセスを評価することは要求されていない．”と示されています．

また，『JIS Q 19011:2019 マネジメントシステム監査のための指針』では，マネジメントシステム監査のための手引が提供されています．この指針には，監査の原則，監査プログラムのマネジメント，マネジメントシステム監査の実施，並びに監査プロセスにかかわる人の力量の評価が含まれています．

監査プログラムのマネジメントにおいて，考慮すべき事項の一つとして関連する利害関係者のニーズ及び期待を挙げています．

診断事例 58　内部監査（9.2.2）

▶症　状

E 社は，建築用ガラスの設計及び製造をしています．従業員は 300 人ほどです．顧客の要求があったため，ISO 9001 認証を取得しました．

ISO 9001 では内部監査が要求されているのですが，同社は，業務多忙で内部監査に時間をかけられない状況です．内部監査用の標準的な監査チェックリストは作成されていますが，文書や記録があるかどうかの内容となっています．その作業の作業標準書はあるか？　その作業標準書は最新版か？　作業記録はあるか？　といった感じです．

以前は，内部監査員が被監査部門に行って，これらの質問をして，チェックと監査証拠の記録をしていましたが，時間削減のために，監査チェックリストをあらかじめ送っておいて，被監査部門で記入してもらうことにしました．

内部監査員が被監査部門に行って，記入された監査チェックリストを確認していたのですが，これだったら，わざわざ監査に行く必要もないだろうと，被監査部門に記入してもらった監査チェックリストを返送してもらい，それを確認することで内部監査の実施ということにしました．

内部監査員も被監査部門も内部監査に多くの時間を取られることがなくなり，とても楽になりました．

▶診断結果

内部監査の目的を満たすような効果的な監査プログラムを計画することなく，形式的な対応をしてしまったものと診断します．監査プログラムのうちの，特に監査方法について，もっと効果的なものにしなければなりません．

残念ながら，この事例のように，標準的な監査チェックリストを使用して，文書や記録のあるなしだけをチェックしている組織は，少なからずありますし，監査チェックリストを前もって被監査部門に送り，記入してもらう例も見かけます．

内部監査の対象は，あくまでも品質マネジメントシステムやプロセスであり，文書や記録ではありません．文書や記録は，あくまでも品質マネジメントシステムやプロセスを効果的に運用するためのツールに過ぎないのです．文書や記録だけに焦点を当てるのではなく，品質マネジメントシステムやプロセスに焦点を当てるのです．

ISO 9001 の 9.2.2 では“a）頻度，方法，責任，計画要求事項及び報告を含む，監査プログラムの計画，確立，実施及び維持.”を要求しています．このうちの「方法」が形式的になってしまい，内部監査の形骸化を招いてしまったようです．

▶対応方法

監査方法の見直しが必要です．監査では，面談，レビュー，観察の三つのアプローチがあります．

面談とは，被監査者に質問し，情報を得ることです．レビューとは，文書や記録などにより情報を得ることです．観察とは，活動現場のように，プロセスがある場所に出かけて，実際の運用状況についての情報を得ることです．

この**面談，レビュー，観察のバランスをとって監査に臨むことが大切**です．この場合のレビューも，文書や記録があるかないかではなく，文書や記録に基づいて，**あくまでも品質マネジメントシステムやプロセスが正しく運用されているかどうかを確認する**ことなのです．

面談においては，被監査者から多くの情報を得なければなりません．そのためには，「はい／いいえ」だけで答えられる質問は避けたほうがよく，「なぜ，誰が，何を，いつ，どこで，どのように」といった 5W1H で質問するとよいでしょう．

レビューにおいては，文書や記録があるかないかではなく，その内容を確認したうえで，品質マネジメントシステムやプロセスが正しく運用されているかを確認するとよいでしょう．

観察においては，プロセスのある場所で監査することが大切で，実際の作業状況，業務進行について確認するとよいでしょう．

▶予防策

『JIS Q 9002:2018 品質マネジメントシステム―JIS Q 9001 の適用に関する指針』の 9.2.1 では，“監査方法には，プロセスを直接観察する，関係者を面談する，及び文書化した情報（内部手順，図面，仕様書，標準，顧客要求事項，法令・規制要求事項，企業マネジメントシステムなど）を検証することを含めるのが望ましい．”としています．

また『JIS Q 19011:2019 マネジメントシステム監査のための指針』の附属書 A（A.14）では，監査における情報源の例について，次のように挙げています．

a） 従業員及びその他の人々へのインタビュー

b） 活動並びに周囲の作業環境及び作業条件について行う，観察

c） 文書化した情報．例えば，方針，目的（又は目標），計画，手順，規格，指示，ライセンス及び許認可，仕様書，図面，契約及び注文

d） 記録．例えば，検査記録，会議の議事録，監査報告書，監視プログラムの記録及び測定結果

e） データの要約，分析及びパフォーマンス指標

f） 被監査者のサンプリング計画に関する情報，並びにサンプリングプロセス及び測定プロセスを管理するためのあらゆる手順に関する情報

g） その他の出所からの報告書．例えば，顧客からのフィードバック，外部の調査及び測定，外部関係者からのその他の関連情報並びに外部提供者の格付け

h） データベース及びウェブサイト

i） シミュレーション及びモデリング

診断事例 59　マネジメントレビュー（9.3.1）

▶症　状

F 社は，全国に展開するレストランチェーンです．従業員は正社員 600 人，パート・アルバイト 5 000 人です．顧客に安全・安心をアピールするために ISO 9001 認証を取得しました．トップマネジメントは経営責任者の社長となっています．

同社の事業年度は，4 月から翌年 3 月となっており，毎月，月次経営会議が行われ，3 月と 9 月には，月次経営会議に合わせて，経営戦略会議が行われています．ISO 9001 認証審査は，毎年 7 月頃に行われているため，5 月に内部監査を実施し，経営層に対して内部監査報告会を行っています．さらに，6 月にマネジメントレビューを行っています．いずれも月次経営会議や経営戦略会議とは別に行っています．

社長は，マネジメントレビューを経営戦略会議に合わせてできないかどうかを品質管理責任者に聞きましたが，品質管理責任者は，「ISO 9001 認証審査の時期が 7 月なので，3 月では早すぎますし，9 月では遅すぎます」と答えました．

▶診断結果

マネジメントレビューを ISO 9001 認証審査のタイミングに合わせなくてはいけないと短絡的に考えてしまったものと診断します．

経営と品質マネジメントシステムの一体化を目指すのであれば，経営会議とマネジメントレビューは同じになるはずです．経営は経営，品質マネジメントシステムは品質マネジメントシステムと考えていると，このような症状が出てきます．

ISO 9001 の 9.3.1 では，マネジメントレビューの目的として“組織の品質マネジメントシステムが，引き続き，適切，妥当かつ有効で更に組織の戦略的な方向性と一致していることを確実にするため”としています．まさしく，品質マネジメントシステムと経営との一体化が求められています．

幸いＦ社は，社長が経営と品質マネジメントシステムとの一体化を指向しているので，対応は簡単です．

▶対応方法

毎月行われる月次経営会議と半年に一度行われる経営戦略会議に合わせて，マネジメントレビューを実施することにします．

やり方としては，通常の会議を行い，その中で品質マネジメントシステムをテーマにした時間を設けます．

その際に必要なインプット情報は，品質管理責任者から報告し，経営層で議論・検討したうえで，社長からの意見や指示を出してもらいます．

マネジメントレビューの記録は，経営会議議事録や経営戦略会議議事録になります．

▶予防策

『JIS Q 9002:2018 品質マネジメントシステム―JIS Q 9001 の適用に関する指針』の 9.3.1 においても，“価値を高め，冗長な幾つもの会議を避けるために，マネジメントレビューの時期は，他の事業活動（例えば，戦略的計画，事業計画，年次会議，運営会議，その他のマネジメントシステム規格レビュー）に合わせて計画することができる．”としています．

診断事例60　マネジメントレビューへのインプット（9.3.2）

▶症　状

G社は，エアコンの部品加工をしています．主たる加工工程は，プレス加工，スポット溶接です．従業員は40人であり，顧客の要求によりISO 9001認証を取得しました．

同社では「朝会」といって，社長，専務（営業担当），工場長（製造担当）の3人で毎朝1時間ほどミーティングを行っています．工場長は，品質管理責任者となっており，この朝会をマネジメントレビューに位置付けました．つまり，毎日マネジメントレビューをやっていることになります．朝会の議事録がマネジメントレビューの記録となります．工場長は，ISO 9001の9.3.2 a)～f) で要求されているインプット情報を朝会に必要に応じて提供しています．

ところが，ある年のISO 9001認証審査で，審査員から「朝会の議事録を見て，どの日にどのインプット情報が提供されたのかが明確でない」ことを指摘されました．インプット情報は，工場長から口頭や別の資料で説明したので，特に議事録には残していませんでした．

工場長は，仕方がないので，朝会の議事録に，毎日，インプット情報を記載することにしましたが，手間がかかるばかりで，何のメリットも感じなかったので，マネジメントレビューは，朝会とは別に年1回実施することにしました．

▶診断結果

朝会をマネジメントレビューと位置付けたことは，経営と品質マネジメントシステムとが一体化していてよかったのですが，審査員のミスリードで悪い方向に向かってしまいました．マネジメントレビューのインプットにかかわる運用が形式的になってしまったものと診断します．

まず，**マネジメントレビューのインプットに対して文書化した情報の要求はありません．口頭でもよいですし，何らかの資料で十分**です．

審査員は，インプットに抜けが生じてしまうことを懸念して言ったのだと思いますが，G 社の対応を考えると，もう少し議論が必要だったかもしれません．

▶対応方法

毎日の朝会をマネジメントレビューとするように戻します．

ISO 9001 の 9.3.2 a)～f) の情報はインプットしなければならないので，やはり，抜けがないようにはしたいところです．一度のマネジメントレビューで a)～f) 全てをインプットする必要はありませんが，いつの朝会で，どれに該当する内容がインプットされたのかはチェックしておきたいです．

そこで，朝会の議事録に a)～f) の欄を設けて，チェックを入れるようにして，抜けがないようにしました．

▶予防策

『JIS Q 9002:2018 品質マネジメントシステム—JIS Q 9001 の適用に関する指針』の 9.3.1 においても“マネジメントレビューへの全てのインプットに一度に取り組むことは求められておらず，代わりに順序立てられた複数回のマネジメントレビューを通して取り組んでもよい．”としています．

また，JIS Q 9002 の 9.3.2 a)～f) のインプットのうち，b)～f) について関連する ISO 9001 の箇条を示しています．その内容を**表 9.1** に整理します．

表 9.1 マネジメントレビューのインプットに関連する ISO 9001 の箇条

マネジメントレビューへのインプット	関連する ISO 9001 の箇条
b) 外部及び内部の課題の変化	4.1 組織及びその状況の理解
c) 品質マネジメントシステムのパフォーマンス及び有効性に関する情報	
1) 顧客満足 密接に関連する利害関係者からのフィードバック	9.1.2 顧客満足 4.2 利害関係者のニーズ及び期待の理解
2) 品質目標を満たしている程度	6.2 品質目標及びそれを達成するための計画策定

表 9.1 （続き）

マネジメントレビューへのインプット	関連する ISO 9001 の箇条
3) プロセスのパフォーマンス，並びに製品及びサービスの適合	4.4 品質マネジメントシステム及びそのプロセス 8.6 製品及びサービスのリリース
4) 不適合及び是正処置	10.2 不適合及び是正処置
5) 監視及び測定の結果	9.1 監視，測定，分析及び評価 9.1.1 一般
6) 監査結果	9.2 内部監査
7) 外部提供者のパフォーマンス	8.4 外部から提供されるプロセス，製品及びサービスの管理
d) 資源の妥当性	7.1 資源
e) リスク及び機会への取組みの有効性	6.1 リスク及び機会への取組み
f) 改善の機会	9.1.3 分析及び評価

『2015 年改訂対応 小規模事業者のための ISO 9001 何をなすべきか―ISO/TC 176 からの助言』（日本規格協会）の 9.3.2 では，小さな組織の事例で，“ある小さな建設会社の経営者は，社員と請負業者を交えての毎日の現場ミーティングで多くのマネジメントレビュー課題に取り組むことができます．”と紹介しています．

診断事例 61　マネジメントレビューからのアウトプット（9.3.3）

▶症　状

H 社は，建設業で主に公共工事をやっています．従業員は 20 人で，経営事項審査において加点されるというメリットのために ISO 9001 認証を取得しました．

ISO 9001 認証取得の動機のせいもあったのでしょうか，トップマネジメントである社長は，まったく品質マネジメントシステムに関心がありませんでした．むしろ面倒くさいと思っているほどです．

しかし，毎年 ISO 9001 認証審査を受けなければなりません．ISO 事務局をやっている建設部長は，マネジメントレビューのインプット情報とアウトプットを明記した文書をあらかじめ作成しておき，社長が印鑑を押してマネジメントレビューの記録としていました．

▶診断結果

実質的にマネジメントレビューをせず，記録を形式的に残せばよいと安易に考えたものと診断します．実は，このような事例をよく見かけます．やはり，経営と品質マネジメントシステムが一体化していないことによる症状と言えるでしょう．

マネジメントレビューからのアウトプットは，トップマネジメント自身の熱い想いや活きた声でなければなりません．

▶対応方法

まずは，社長に品質マネジメントシステムの目的を明確にしてもらい，その目的達成のために従業員全員で取り組んでいくことを全社で共有することから始めます．

小さな組織なので，大々的なマネジメントレビューをする必要はなく，日々のミーティングでやるべきことを伝えるようにすることが望まれます．

日頃の仕事と品質マネジメントシステムの運用を切り離さずにすることが大切で，マネジメントレビューのアウトプットについても普段どおりの伝え方でよいでしょう．

間違いなく伝えるためにも，決定事項や必要な処置について，記録をとっておくとよいでしょう．

▶予防策

『JIS Q 9002:2018 品質マネジメントシステム―JIS Q 9001の適用に関する指針』の9.3.3においても，マネジメントレビューの結果の証拠としての文書化した情報の例として，“説明資料，会議の議事録及び報告書”を挙げています．

第 10 章　改善の診断

改善に潜む「ムダ」となっている部分について診断します．

人間も病気になったらしっかり治療をしなければなりません．そうしないと，同じ病気が再発するかもしれないからです．また，より健康になるために食事や運動に気を付けて生活することが大切です．

品質マネジメントシステムも同じで，もし問題が起こったら，同じような問題が二度と起こらないように，再発防止対策をしっかりやらなければなりません．そうすることで，より有効な QMS になることができるのです．

図 10.1 に改善の部分を示します．

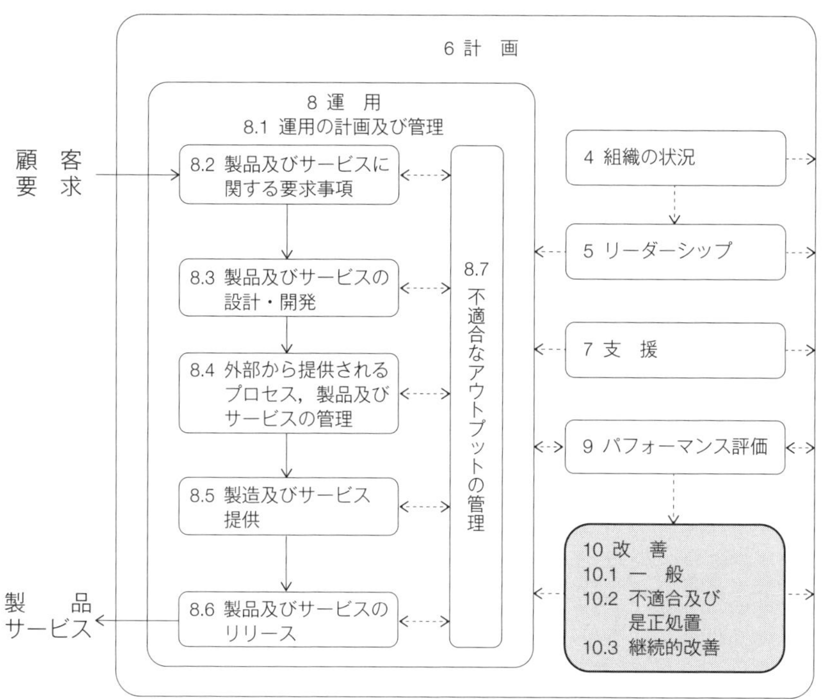

図 10.1　改善の診断部分

診断事例 62　改善（10.1）

▶症　状

A 社は，建築用ゴム部品の製造をしています．従業員は 300 人ほどで，顧客の要求により ISO 9001 認証を取得しました．

同社では，以前より職場ごとの小集団改善活動を行っていました．積極的に改善提案が出され，職場ごとのチームで和気あいあいと取り組んでいました．

しかし，ISO 9001 認証を取得するときに，現場の改善活動では ISO 9001 の要求事項を満たさないと判断し，中止しました．もっと大きなテーマに取り組むことにして，テーマごとにプロジェクトチームを立ち上げました．

しかし，プロジェクトチームでの活動に慣れておらず，チームメンバーの連携も悪いことにより，継続することができなくなりました．

▶診断結果

小集団改善活動も品質マネジメントシステムの改善であるという認識がなかったものと診断します．

ISO 9001 の 10.1 では，改善の対象を“製品及びサービス［a)］，望ましくない影響の修正，防止又は低減［b)］，品質マネジメントシステムのパフォーマンス及び有効性［c)］”としています．

どのように取り組むのかは，組織が決めることになっています．小集団改善活動によって，製品やサービスの品質が良くなったという例はたくさんあります．

また，現場で失敗しないように工夫したり，ちょっとした改善をしたりすることもあるでしょう．そのような地道な活動の結果，品質マネジメントシステムの狙いどおりになったり，狙いにより近付いたりすることができるのです．

▶対応方法

以前やっていた小集団改善活動を再開します．**小集団改善活動と品質マネジ**

メントシステムは決して別々ではありません．

問題解決のステップとして広く普及しているQCストーリーというのがあります．QCストーリーには，問題解決型と課題達成型があり，問題解決型QCストーリーとは，実際に直面している問題に対して解決するためのステップを示し，課題達成型QCストーリーとは，新規業務への対応や現状打破を行う活動を効果的に進めるステップを示しています．

問題解決型のQCストーリーは，「テーマの選定」「現状の把握と目標の設定」「要因の解析」「対策の検討」「対策の実施」「効果の確認」「標準化と管理の定着（歯止め）」「反省と今後の対応」のステップとなっています．

このうちの「標準化と管理定着（歯止め）」の標準化とは，まさしく品質マネジメントシステムとして整備することであり，小集団改善活動と品質マネジメントシステムとは，別々ではないことがわかります．

▶予防策

『JIS Q 9002:2018 品質マネジメントシステム—JIS Q 9001の適用に関する指針』の10.1では，改善の実施には様々な方法があるとして，次のように示しています．

a) 不適合の再発を防止するための処置の実施

b) 既存のプロセス，製品又はサービスに対して継続して行う小さな改善活動

c) 既存のプロセスの大幅な変更，新規のプロセス，製品若しくはサービスの開発・実施，又は既存概念を打ち砕く新技術若しくは革新の導入につながり得るプロジェクト

これらからは，改善方法として，日常業務としての再発防止活動，小さな改善活動，プロジェクトチームによる大きな改善活動があるということがわかります．小さな改善活動には，小集団改善活動の他にも改善提案活動などがあります．

診断事例63 不適合及び是正処置（10.2.1）

▶症 状

B社は，農業用機械の設計及び製造をしています．従業員は600人ほどで，親会社の意向によりISO 9001認証を取得しました．

設計プロセスでは，技術標準が整備されており，設計ノウハウは技術標準に蓄積されています．

しかし，最近，設計の不十分さから発生しているクレームが増えてきており，再発防止を確実にすることが経営責任者からも強く求められています．

設計にかかわる問題が発生した場合は，技術標準に追加若しくは変更を行っています．しかし，同じような問題は一向に減りません．

▶診断結果

是正処置とは，問題の再発防止なのですが，同じ問題の再発防止ではなく，同じような問題の再発防止であることの認識がなかったものと診断します．

技術標準で決められていなかったり，内容が不備であったりした場合は追記したり，変更したりすればよいのですが，これでは，まったく同じ問題は起こらないかもしれませんが，同じような問題が再発する可能性があります．

例えば，油圧シリンダーに使用した新しい材質のパッキンがオイルの種類によって劣化が早くなってしまった場合に，「この新しい材質のパッキンには，このオイルを使用すること」と技術標準を変更したとします．これで，同じ問題は発生しませんが，さらに新しい材質のパッキンを採用したときには，同じような問題が発生することになります．

▶対応方法

是正処置の対象は，あくまでも品質マネジメントシステムであることを認識する必要があります．

品質マネジメントシステムを運用していたにもかかわらず，問題が起きたと

いうことは，品質マネジメントシステムのどこかに隙間や欠陥があったということです．その隙間や欠陥を埋めたり，変えたりしなければならないのです．

そうなると是正処置の最後には，品質マネジメントシステムの何かを変えなければならないということです．

この事例の場合は，技術標準を設定したり，変更したりするプロセスまで変えなければならないといことになります．

是正処置のために技術標準を変更する際には，部門横断チームでその妥当性を評価し，水平展開やプロセスの見直しまで検討することが望まれます．そして，その仕組みが適切であると判断できれば，品質マネジメントシステムとして整備します．

このように，是正処置では，品質マネジメントシステムの変更まで行うことが望ましく，ISO 9001 の 10.2.1 f) でも，“必要な場合には，品質マネジメントシステムの変更を行う．”ことが要求されています．

▶予防策

『JIS Q 9002:2018 品質マネジメントシステム—JIS Q 9001 の適用に関する指針』の 10.2.1 では，不適合が起こり得る発生源及び不適合の種類には，これに限定されるものではないのですが，次のものが含まれるとしています．

—内部監査又は外部監査の所見

—監視及び測定の結果（例えば，検査，製品又はサービスの欠陥）

—不適合なアウトプット

—顧客の苦情

—法令・規制要求事項への不適合

—外部提供者の問題（例えば，納期遵守，受入検査）

—従業員が発見した問題（例えば，投書箱を通じて）

—上司若しくは責任者，又はプロセス巡視者による観察

—補償請求

診断事例64 不適合及び是正処置（10.2.2）

▶症 状

C社は，水道管やガス管に使用されるポリエチレン管の設計及び製造をしています．従業員は450人で，OEM供給先の要求でISO 9001認証を取得しました．

ある年のISO 9001認証審査において，製造部の審査で，審査員がこの1年間の是正処置の状況を確認するために，是正処置記録を要求したところ，ファイルが出てきました．そこには1年分の是正処置記録が綴じてありましたが，有効性評価の欄が全て空欄でした．

是正処置の有効性評価はどうしたのか尋ねましたが，「多分，品質保証部に原本が保管されてあって，そこには記入してあるかもしれない」と記憶があいまいでした．

▶診断結果

是正処置の原因究明から処置実施まで，部門ごとにワープロで作成し，電子メールで品質保証部に提出する仕組みになっていました．

品質保証部では，有効性評価とそれ以降の対応について指示することもなく，そのままになっていたようです．是正処置の展開方法が不十分であると診断します．

▶対応方法

品質保証部で管理しないと是正処置が進まなかった経緯もあり，このような仕組みになったようです．是正処置の有効性評価まで部門が実施して，完了したものを品質保証部で検証することにします．

そのためには，**迅速に是正処置を実施するとともに，真の原因を捉えて，有効な是正処置が実施できるように教育すること**も大切です．

▶予防策

『JIS Q 9002:2018 品質マネジメントシステム—JIS Q 9001 の適用に関する指針』の 10.2.2 では，不適合及び是正処置の文書化した情報について，“不適合に関する詳細（例えば，不適合の記述，不適合の重大度，根本原因の分析，計画的な修正，是正処置）を含め，どのような修正又は是正処置をとったのかを示す”ことを推奨しています．

診断事例 65　継続的改善（10.3）

▶症　状

D 社は，ボールペンなどの筆記具の開発及び製造をしています．従業員は 100 人で，大手筆記具メーカーへ OEM 供給しています．OEM 供給先からの要求はなかったものの，競合他社に対抗するために ISO 9001 認証を取得しました．

OEM 供給先からのクレームはかなり多く，7 割くらいは設計に問題があったために，昨年のマネジメントレビューでは，設計プロセスを抜本的に見直すことが指示されていました．

しかし，設計部門では，目の前の業務に忙殺され，設計プロセスの見直しは一切行われていません．

▶診断結果

マネジメントレビューの結果をテーマに取り上げ，継続的に改善していく仕組みが確立していないものと診断します．

この事例のように，マネジメントレビューの指示事項がうまく伝達されなかったり，伝達されてもそのままになっていたりする例はよくあります．きちんと改善活動までつなげる道筋が必要でしょう．

▶対応方法

マネジメントレビューの指示事項に対して，必ず品質目標に設定することにします．そのためには，品質目標設定の前にマネジメントレビューを実施し，指示事項を明確に伝達することが必要です．

▶予防策

『JIS Q 9002:2018 品質マネジメントシステム—JIS Q 9001 の適用に関する指針』の 10.3 では，“継続的改善には，適合するアウトプットのレベルを高め，プロセスの実現能力を改善し，プロセスのばらつきを低減することを目的とした，アウトプット，製品及びサービスの一貫性を高めるための処置が含まれ得る.”と説明しています.

この意味は，継続的改善には，不適合だけを対象とするのではなく，適合する製品やサービスのレベルを高め，プロセスの実現能力（製造業でいう工程能力）を改善し，プロセスのばらつきを低減することを目的とした処置が含まれ得るということです.

第Ⅲ部　QMS を維持・向上させるための知識

人の病気においても，予防するための知識がなければいけないように，品質マネジメントシステムも「ムダ」となっている部分ができたり，増えたりしないよう，予防するための知識が同じように必要なのです．

該当する日本産業規格（JIS）を紹介しますので，これらを参考にしてQMS を維持・向上させるために必要な知識を得ていただきたいと思います．

JIS は，産業における知恵の結晶と言えます．産業界だけでなく，様々な領域から多くの知恵を集めて体系化した財産であると言えるでしょう．これらを使わない手はありません．ぜひ読んでいただきたいと思います．

§1　JIS Q 9001:2015（ISO 9001:2015）

JIS 規格番号	JIS Q 9001:2015（ISO 9001:2015）
JIS 規格名称	品質マネジメントシステム―要求事項

【概要】

最もポピュラーな JIS でしょう．本書では，ISO 9001 と表現していましたが，日本語で発行されているのは，JIS Q 9001 です．品質マネジメントシステムの基本的な要件を規定しています．

構成は，“序文，箇条 1：適用範囲，箇条 2：引用規格，箇条 3：用語及び定義，箇条 4：組織の状況，箇条 5：リーダーシップ，箇条 6：計画，箇条 7：支援，箇条 8：運用，箇条 9：パフォーマンス評価，箇条 10：改善，附属書 A（参考）：新たな構造，用語及び概念の明確化，附属書 B（参考）：ISO/TC 176 によって作成された品質マネジメント及び品質マネジメントシステムの他の規格類”となっています．

【ポイント】

箇条 4 ～箇条 10 の要求事項は，品質マネジメントシステムが備えるべき基本的な要件が規定されていて，決してムリなことや無駄なことを要求しているわけではありません．要求事項を形式的に捉え，本書の第Ⅱ部で紹介した「診断事例」のようになってしまわないようにしなければなりません．

箇条 4 ～箇条 10 の要求事項については，よく読まれていると思いますが，序文や箇条 1：適用範囲もぜひ読んでいただきたいところです．

(序文)

品質マネジメントの原則に基づいていることやプロセスアプローチを適用することのメリット，PDCA サイクルを適用し，規格の構造も PDCA となっていること，リスクに基づく考え方が有効な品質マネジメントシステムには必須であることなどが説明されています．

品質マネジメントの原則については，JIS Q 9000:2015 で説明されています．

プロセスアプローチは重要で，**JIS Q 9001 はプロセスアプローチが中心軸**となっていると考えてよいでしょう．プロセスアプローチとは，簡単に言うと品質をプロセスでつくり込むことです．やみくもに仕事をして，結果に対して良かった悪かったと一喜一憂するのではなく，前もって良い結果が得られるように仕事のやり方や進め方を決めておいて，そのとおりに実施することです．

品質マネジメントシステムは，プロセスとそのつながりでできているので，プロセスをうまく管理すれば，品質マネジメントシステム全体としても良い結果がより確実に効率的に得られるということなのです．

（箇条 1：適用範囲）

ここでも大切なことが記述されています．この適用範囲は，JIS Q 9001 の目的とも考えられ，品質保証と顧客満足の向上を目指す組織に対して適用することを意図しています．

品質保証とは，顧客に安心感を与えることで，顧客満足の向上とは，自ら品質マネジメントシステムを改善していくことだと覚えておくとよいでしょう．

（箇条 4 ～箇条 10）

JIS Q 9001 の要求事項を理解するコツがあります．それは，要求事項の中には，具体的なものがある一方で，概念的なものもあります．概念的な要求事項は，あくまでも概念なので，これをすればよいというものではありません．

この要求事項は，概念の要求事項か，具体的な要求事項かを考えると理解しやすくなると思います．

初めて ISO 9001 を勉強される方には，拙著『［2015 年改訂対応］やさしい ISO 9001（JIS Q 9001）品質マネジメントシステム入門［改訂版］』（日本規格協会）をお勧めします．

§2 JIS Q 9000:2015（ISO 9000:2015）

JIS 規格番号	JIS Q 9000:2015（ISO 9000:2015）
JIS 規格名称	品質マネジメントシステム―基本及び用語

【概要】

品質マネジメントの基本概念と原則，品質マネジメントにかかわる用語の定義が規定されています．

構成は，“序文，箇条 1：適用範囲，箇条 2：基本概念及び品質マネジメントの原則，箇条 3：用語及び定義，附属書 A（参考）：概念の相互関係及び図示”となっています．

品質マネジメントとは「品質に関する運営管理のこと」で，品質方針及び品質目標の設定や，品質計画，品質保証，品質管理及び品質改善を通じてこれらの品質目標を達成するためのプロセスが含まれます．

品質計画とは「より良い製品やサービスを提供するために前もって準備する活動」です．

品質管理とは「検査やチェックをして，良い製品やサービスだけを提供する活動」です．

品質保証とは「仕組みによって顧客に信頼してもらうための活動」です．

品質改善とは「製品やサービスと共に仕組みをより良くしていく活動」です．

そして「その品質マネジメントを仕組み立てて実行していこう」というのが品質マネジメントシステムなのです．

【ポイント】

（箇条 1：適用範囲）

持続的成功を求める組織や，組織の能力について信頼感を得ようとする組織など，適用できる組織や人が示されています．

（箇条 2：基本概念及び品質マネジメントの原則）

品質マネジメントシステムの構築・発展に用いる基本概念及び原則を示すことによって，より広範に組織についての考え方を提供しています．

基本概念では，品質を重視すること，品質マネジメントシステムをうまく運営すること，組織が置かれている状況を確実に把握すること，全ての密接に関連する利害関係者を考慮すること，品質マネジメントシステムへのトップマネジメントの支援及び人々の積極的参加することなどが重要であるとしています．

品質マネジメントの七つの原則について，説明，根拠，主な便益，取り得る行動が示されています．これらの品質マネジメントの原則をしっかりと理解していただきたいと思います．

品質マネジメントの七つの原則が意図していることについて，簡単に説明します．

〔原則 1：顧客重視〕

・目先の利益にとらわれずに，お客様を重視した経営をしよう！
・お客様の望んでいること，期待していることをしっかり受け止めて応えていこう！
・目先の利益重視でなく顧客重視でいけば，長期に渡る成功を収めることができる！

〔原則 2：リーダーシップ〕

・リーダーが皆を引っ張って目指す方向に向かおう！
・品質目標達成のための環境を整えよう！
・リーダーはより良い仕組みにするためにがんばろう！
・問題が起こっても部下のせいにするのではなく，仕組みのどこがいけなかったのかを探って変えていこう！

〔原則 3：人々の積極的参加〕

・品質マネジメントシステムに全員参加で臨もう！
・皆の手でより良い仕組みにしよう！
・人任せではなく，自分たちが仕組みを運営していこう！
・働く人々に力量をもたせ，任せるべきところは任せよう．皆を巻き込もう！

〔原則 4：プロセスアプローチ〕

・品質はプロセスでつくり込もう！
・いつも良い結果が得られるように仕事の進め方を前もって決めておこう！
・決められたとおりに仕事を進めよう！
・問題があったらより良い仕事の進め方に変えよう！

〔原則 5：改善〕

・継続的に改善に取り組もう！
・仕組みどおりに実施していれば問題は起こらないはずだけど，もし問題が起こったとすれば，仕組みのどこかが悪いと考えよう！

・改善の対象は品質マネジメントシステムなのだ！

〔原則6：客観的事実に基づく意思決定〕

・勘や憶測だけでものごとを判断するのではなく，客観的なデータや情報で判断をしよう！
・データや情報を集めよう！
・集めるだけでなく分析して，見つめよう！
・分析するだけでなく，何をするのか決めよう！
・行動を起こそう！

〔原則7：関係性管理〕

・購買先，外部委託先などの外部提供者とは“お互い様の精神”でお付き合いしよう！
・責任を押し付けるのではなく，手を差し伸べて，より良い製品・サービスが提供できるように一緒にがんばろう！
・購買先，外部委託先とは対等な立場で接しよう！

これらの七つの原則に従って，品質マネジメントシステムを運用することが大切です．

（箇条3：用語及び定義）

JIS Q 9001に使用されている用語，JIS Q 9000の用語の定義の説明に使用されている用語及びその他の用語が定義されています．用語及び定義についても，理解しておきたいところです．特に重要な用語について，説明します．

プロセス（process）
インプットを使用して意図した結果を生み出す，相互に関連する又は相互に作用する一連の活動．

プロセスとは活動のことです．プロセスには必ずインプットがあり，意図した結果であるアウトプットがあります．相互に関連する又は相互に作用するとはプロセスが互いにつながっているとか，互いに影響し合うことを意味しています．

品質マネジメントシステム（quality management system）
品質に関する，マネジメントシステムの一部．

品質マネジメントシステムはプロセスとそのつながりでできています．マネジメントシステムの一部ということは，経営との一体化が前提となっています．

マネジメントシステム（management system）
方針及び目標，並びにその目標を達成するためのプロセスを確立するための，相互に関連する又は相互に作用する，組織の一連の要素．

要素とは組織の機能のことです．組織の機能としては，企画，営業，設計，購買，製造，人事，財務などがあり，それらの要素は独立しているのではなく，つながっています．要素がただ集まっているだけではなく，方針や目標をもって，それを達成する活動を行ってこそ，マネジメントシステムと言えるのです．

システム（system）
相互に関連する又は相互に作用する要素の集まり．

システムとは企画，営業，設計，購買，製造，人事，財務などの組織の機能の集まりです．このシステムにおいて，方針や目標をもって，それを達成する活動を行うことでマネジメントシステムとなるのです．

品質（quality）
対象に本来備わっている特性の集まりが，要求事項を満たす程度．

品質はよく使う言葉ですが，定義となると意外と難しいものです．実は要求事項を満たすかどうかが品質の良し悪しを決めるのです．「要求事項を満たせば品質は良い」「満たさなければ品質は悪い」ということになります．

対象とは，ありとあらゆるコトやモノを表し，本来備わっているとは，後から加えられたものではないことを意味します．

本書の第Ｉ部でも解説しましたが，例えば，骨董品の値段が非常に高い場合があります（本書の 16 ページを参照）．これは本来の機能とは関係なく希少という価値を後から加えられたことになります．

英語の“quality”を日本語にするときに，コトには「品」をモノには「質」をあてたと言われています．コトとはサービスなどを指し，言動や振る舞いも含まれます．「品の良い話し方」というように使われている「品」をあてているのです．品質とは，品物の質という意味ではなく，品と質という意味なのです．

要求事項については，この後に説明しますが，いわゆる「ニーズや期待」のことです．どのような仕事でも期待されていない仕事はありませんので，全ての仕事に品質が要求されていることになります．品質を求められない仕事はないということです．

ただし，例えば，経理の仕事などのように，製品品質に直接影響しない仕事は確かにあるでしょう．

要求事項（requirement）
明示されている，通常暗黙のうちに了解されている又は義務として要求されている，ニーズ又は期待．

要求事項を満たす程度が品質でした．その要求事項の定義です．こういうものが欲しいというニーズや，こうありたいという期待のことですが，このニーズや期待には三つのパターンがあります．

これらをわかりやすく，ホテルを予約するときの例で説明します．

一つ目の明示されているニーズ又は期待とは，○月○日にチェックイン，○泊，シングル，禁煙とホテルに伝えることが該当します．

二つ目の通常暗黙のうちに了解されているニーズ又は期待とは，タオルやシーツが洗濯してあることとか，清掃されていることとか，シャワーから湯が出るとか，言われなくてもあたりまえに行っておくべきことが該当します．

三つ目の義務として要求されているニーズ又は期待とは，適用される法規制などが該当します．ホテルの例では消防法があって，カーテンやじゅうたんなどは防炎物品を使用すること，誘導灯・誘導標識を設置することなどがあります．

これらは全て要求事項なのです．

適合（conformity）
要求事項を満たしていること．

要求事項とは，三つのパターンのニーズや期待でした．そのニーズや期待を満たしていれば適合ということになります．品質の定義から，適合であれば，品質が良いということになります．

ということは，良い品質の製品やサービスを提供するためには，要求事項である様々なニーズや期待をしっかりと理解して，それらに応えることが求められます．

不適合（nonconformity）
要求事項を満たしていないこと．

適合が要求事項を満たしていることに対して，要求事項を満たしていないことは不適合となります．不適合であれば，品質が悪いということになります．

不適合がないのが理想的ですが，何事も完璧ということはないので，どうしても不適合が発生してしまうことがあります．

その際は，不適合への対応とともに二度と同じような不適合が発生しないようにすることを考えなければならないです．

是正処置（corrective action）
不適合の原因を除去し，再発を防止するための処置．

不適合が発生した場合には，不適合を取り除くだけでなく，不適合を発生させた原因を取り除かなければなりません．

その際には「なぜなぜ」を繰り返して真の原因を捉えて，仕組み（プロセスや品質マネジメントシステム）をより良いものに変えていくことが大切です．原因を取り除かない限り，同じ失敗を繰り返し，同じような不適合を再発してしまうことになるでしょう．

したがって，同じような不適合が再発していなければ，有効な是正処置ができたということになり，同じような不適合が再発している場合は，有効な是正処置ではなかったということになります．

修正（correction）
検出された不適合を除去するための処置．

不適合が発生した場合，再発防止のための是正処置は大切なのですが，その前に発生してしまった不適合を取り除く処置が必要です．

例えば，設備点検を行うことになっていたにもかかわらず，設備点検が行われていなかったという不適合が発生した場合，設備点検を行っていなかったという不適合なので，その不適合を取り除くとなると，すぐに設備点検を実施するということになります．

その後に，是正処置を実施します．

リスク（risk）
不確かさの影響.

不確かさというのは，起こるかもしれないし，起こらないかもしれないということで，起こってしまった場合の影響，つまりその結果がリスクということになります．起こり得る失敗と理解するとよいでしょう．

リスクには好ましい方向の結果と好ましくない方向の結果があり，好ましい方向の結果を機会，好ましくない方向の結果を脅威と言いますが，一般的には好ましくない方向に対してリスクという表現がされています．

§3　JIS Q 9002:2018（ISO/TS 9002:2016）

JIS 規格番号	JIS Q 9002:2018（ISO/TS 9002:2016）
JIS 規格名称	品質マネジメントシステム―JIS Q 9001 の適用に関する指針

【概要】

本書でも，予防策として多数登場したこの規格は，JIS Q 9001:2015 の品質マネジメントシステム要求事項の適用に関して，利用者を支援するために作成されました．

構成は，JIS Q 9001:2015 と同じになっており，“序文，箇条 1：適用範囲，箇条 2：引用規格，箇条 3：用語及び定義，箇条 4：組織の状況，箇条 5：リーダーシップ，箇条 6：計画，箇条 7：支援，箇条 8：運用，箇条 9：パフォーマンス評価，箇条 10：改善”となっており，JIS Q 9001 の箇条 4 ～箇条 10 を関連付けながら手引を提示しています．

この規格は，JIS Q 9001 に新たな要求事項を追加するわけではなく，品質マネジメントシステムの実施，及び品質マネジメントシステムと組織の全体的なマネジメントシステムとの関係の強化との両面で参考になる例，説明及び選択肢が示されています．

大変役立つ手引が満載の規格ですが，JIS Q 9001 や JIS Q 9000 と比較して，あまりポピュラーではなく，読んでいる人が少ないのが実情です．

そのような背景もあって，本書の第Ⅱ部の各診断事例にある「予防策」では，この規格のエッセンスを紹介しています．

【ポイント】

この規格は，JIS Q 9001 要求事項である箇条 4 ～箇条 10 と関連付けて，手引が提供されているので，JIS Q 9001 でわかりにくい箇所があった場合に，この規格の該当する箇条を読めばよいので，辞書のように使用でき，使いやすいです．

ポイントについては，本書の第Ⅱ部の「予防策」で紹介していますので，そちらを参照ください．

また，この規格をベースとしている『2015 年改訂対応 小規模事業者のための ISO 9001 何をなすべきか―ISO/TC 176 からの助言』（日本規格協会）が発行されています．

この書籍の特筆すべきところは，事例の多さです．しかも，その事例は小規模事業者を対象としていて，内容もとてもセンスが良く，わかりやすいです．

小規模事業者だけでなく，あらゆる規模，業種の組織にも役立つ内容となっています．

§4　JIS Q 9004:2018（ISO 9004:2018）

JIS 規格番号	JIS Q 9004:2018（ISO 9004:2018）
JIS 規格名称	品質マネジメント―組織の品質―持続的成功を達成するための指針

【概要】

JIS Q 9001:2015 は，品質マネジメントシステムに関する要求事項であるのに対し，JIS Q 9004:2018 は，あくまでも指針（guidance）であり，長期に渡る成功（持続的成功）を収めたい組織への推奨事項です．

「組織の品質」を向上させることが事業の基本であり，短期的な視点ではなく，長期的な「持続的成功」の視点をもって，「品質マネジメント」を実践していくことが，組織の目的達成のために有効であるというのが JIS Q 9004:2018 の中心軸となっています．

構成は，“序文，箇条 1：適用範囲，箇条 2：引用規格，箇条 3：用語及び定義，箇条 4：組織の品質及び持続的成功，箇条 5：組織の状況，箇条 6：組織のアイデンティティ，箇条 7：リーダーシップ，箇条 8：プロセスのマネジメント，箇条 9：資源のマネジメント，箇条 10：組織のパフォーマンスの分析及び評価，箇条 11：改善，学習及び革新，附属書 A（参考）：自己評価ツール”となっています．

本書の第Ⅱ部の「予防策」でも登場していますが，品質マネジメントシステムがより高いパフォーマンスを実現するためにも参考となるガイドラインが示されています．少し難しいところはありますが，さらなる品質マネジメントシステムの向上を目指すのであれば，ぜひ読んでいただきたい規格です．

【ポイント】

（箇条 4：組織の品質及び持続的成功）

組織の品質及び持続的成功では，組織の品質について，持続的成功を達成するために，組織固有の特性がその顧客及びその他の利害関係者のニーズ及び期待を満たす程度であることが示されています．

製品及びサービスの品質やその顧客のニーズ及び期待だけでなく，従業員，供給者，社会といった利害関係者の様々なニーズ及び期待を満たすことが望ましいとしています．

また，持続的成功については，長期に渡り，その利害関係者のニーズ及び期待をそれぞれ満たすことによって，組織の品質が向上し，持続的成功が達成できるとしています．

(箇条 5：組織の状況)

組織の状況を理解したうえで経営しなければ，どこかで必ず歪みが生じて，大きな失敗となります．

密接に関連する利害関係者と外部及び内部の課題について，理解しておくべき内容が示されています．

(箇条 6：組織のアイデンティティ)

組織の使命，ビジョン，価値観を明確にし，その使命，ビジョン，価値観と一貫した組織文化をもつことが望ましいとしています．

(箇条 7：リーダーシップ)

方針は，品質以外にもコンプライアンス，環境，エネルギー，雇用，労働安全衛生，ワークライフの質，革新，セキュリティ，プライバシー，データ保護，顧客経験などの側面も示されています．

また，競争的要因に関して戦略的な決定が望ましいとされ，競争的要因に取り組む場合に考慮すべき処置の例が示されています．

さらに，方針及び戦略の目標展開とコミュニケーションについて推奨事項を示しています．

(箇条 8：プロセスのマネジメント)

プロセスとそのつながりを決定することや組織の方針，戦略及び目標に従って決定することが望ましいとされており，さらに考慮すべき事項について示されています．

プロセスの責任及び権限やマネジメントについて，具体的な推奨事項が示されています．

(箇条 9：資源のマネジメント)

資源の明確化とマネジメントに関する推奨事項が示されています．人々，組織の知識，技術，インフラストラクチャ及び作業環境，外部から提供される資源，天然資源について取り上げられています．

(箇条 10：組織のパフォーマンスの分析及び評価)

組織のパフォーマンス指標を明確にし，分析及び評価するための推奨事項が示されています．また，組織のパフォーマンス情報の収集にあたり，内部監査及び自己評価が有効であるとし，具体的な推奨事項が示されています．

パフォーマンスの測定，ベンチマーキング，分析及び評価，内部監査並びに自己評価のレビューが望ましいとしており，具体的な推奨事項が示されています.

（箇条 11：改善，学習及び革新）

組織として改善の実現，学習の促進，革新の成功のための推奨事項が示されています.

（附属書 A：自己評価ツール）

31 項目について，成熟度レベルを 5 段階評価できるチェックシートのような自己評価ツールが示されています.

ISO 9001 認証取得で満足せず，品質保証や顧客満足の向上だけにとどまらないで，組織としての品質を高めたい組織にとって，大変参考になる規格です.

§5　JIS Q 9005:2014

JIS 規格番号	JIS Q 9005:2014
JIS 規格名称	品質マネジメントシステム―持続的成功の指針

【概要】

この規格は，持続的成功のための指針という点では，JIS Q 9004:2018と同じ性格と言えます．どちらも指針（guidance）であり，長期に渡る成功（持続的成功）を収めたい組織への推奨事項です．

異なる点は，この規格は，顧客への価値提供，事業環境の変化への対応，及びもつべき能力の実装に焦点を当て，品質マネジメントシステムを設計し，構築し，運用するための手順を示し，品質マネジメントシステムの各プロセス及びその運用についての具体的な指針を提示していることです．

構成は，“序文，箇条1：適用範囲，箇条2：引用規格，箇条3：用語及び定義，箇条4：持続的成功のための品質マネジメントの基礎概念，箇条5：品質マネジメントシステムの企画，箇条6：品質マネジメントシステムの構築及び運用，箇条7：経営資源の運用管理，箇条8：製品・サービス実現，箇条9：監視，測定及び分析，箇条10：品質マネジメントシステムの改善，箇条11：品質マネジメントシステムの革新，附属書A（参考）：この規格で用いる重要用語の概念，附属書B（参考）：品質マネジメント原則の比較，附属書C（参考）：重要品質マネジメントシステム要素，並びにそれが具備する必要のある属性，性質及び状態の例，附属書D（参考）：監視，測定及び分析，並びにその結果の考慮事項，附属書E（参考）：自己評価”となっています．

【ポイント】

この規格は，JIS Q 9001の2015年改訂以前に発行されたものの，普遍性がある内容のため，今でも十分参考になります．JIS Q 9004:2018と比較して，より具体的な推奨事項となっているので，大変理解しやすいです．

（箇条8：製品・サービスの実現）

マーケティングや研究開発，製品・サービスの企画，在庫管理，製品・サービスの販売，顧客サポートの要素まで対象としていて，実際の経営活動に則した内容となっている点がわかりやすいです．

これらの要素を品質マネジメントシステムに取り入れれば，より経営との一体化ができるでしょう.

(附属書 E：自己評価)

この規格の各箇条に対応した評価項目の例では，評価指標（結果）も示されていて，KPI などの評価指標に悩んでいる組織にとって良い参考になるでしょう.

§6　JIS Q 9023:2018

JIS 規格番号	JIS Q 9023:2018
JIS 規格名称	マネジメントシステムのパフォーマンス改善―方針管理の指針

【概要】

JIS Q 9001:2015 では，品質方針の確立，実施，維持が要求されています．方針管理とは，品質方針を含む経営方針を効果的に展開していく活動のことで，この規格は，その方針管理についての指針を提供しています．

構成は，“箇条 0：序文，箇条 1：適用範囲，箇条 2：引用規格，箇条 3：用語及び定義，箇条 4：方針管理のプロセス，箇条 5：部門における方針管理の進め方，箇条 6：組織全体の方針管理の進め方，箇条 7：方針管理の推進，附属書 A（参考）：総合的品質管理における方針管理の役割及び位置付け，附属書 B（参考）：方針管理の基本的考え方，附属書 C（参考）：方針の構成要素，附属書 D（参考）：方針管理のための様式例，附属書 E（参考）：方針管理の自己評価”となっています．

【ポイント】

（箇条 0：序文）

方針管理の大切さが伝わる説明がされています．方針管理が適切に行われれば，挑戦的な取組みが活発に行われるようになり，人の成長及び働く喜びにもつながるとしています．自らチャレンジをしていくことで，やはり自分自身の成長につながるでしょうし，それが喜びにつながると思います．

（箇条 4：方針管理のプロセス）

組織方針の策定，展開，実施及びその管理，期末のレビューの四つの事項が方針管理のプロセスの中核と説明しており，わかりやすいフローチャートも示されています．

（箇条 5：部門における方針管理の進め方）

部門における中期計画の策定，部門方針の策定，方針の実施及びその管理，期末のレビューについて具体的な手順が示されています．

管理者の心構えまで示されていて，全ての管理者に理解してほしい内容となっています．

(箇条 6：組織全体の方針管理の進め方)

組織全体における中長期経営計画の策定，組織方針の策定，組織方針の展開，方針の実施及びその管理，トップマネジメントによる診断，期末のレビューについて具体的な手順が示されています．特に組織方針の策定に関して，コツが示されている点が参考になります．

重点課題を多く挙げすぎないこと，確実に達成できるような目標設定とすること，詳細な方策を指示するのではなく，下位が方策を検討するための方向性を示すものにとどめることがコツとなっています．

(箇条 7：方針管理の推進)

方針管理の教育についても具体的な手順が示されています．

教育の対象者，主な教育の機会，方針管理の教育内容，方針管理の基礎となるTQM の教育内容が一覧表で整理されていて，わかりやすくなっています．

また，方針管理のための標準，帳票及びツールの整備について示されており，帳票には，方針書，実施計画書，実施状況確認書，期末のレビュー報告書を挙げています．

(附属書 B：方針管理の基本的考え方)

事業計画と日常管理と方針管理の関係が示されていて，事業計画の実現には，日常管理と方針管理のセットで実現することとしています．

日常管理は，既に実現できている部分を確実に担保する活動（維持向上），方針管理は，不足している部分について新たに取り組む活動（改善及び革新）と説明しています．

(附属書 D：方針管理のための様式例)

本書の第Ⅱ部の「予防策」でも述べましたが（診断事例 1，14），方針管理のための具体的な様式例（方針書，実施計画書，実施状況確認表，期末のレビュー報告書）が示されています．

§7 JIS Q 9024:2003

JIS 規格番号	JIS Q 9024:2003
JIS 規格名称	マネジメントシステムのパフォーマンス改善—継続的改善の手順及び技法の指針

【概要】

この規格は，JIS Q 9001:2015 でも要求されている継続的改善の具体的な手順と数々の技法が紹介されています．技法の中には，QC 七つ道具や新 QC 七つ道具も含まれていて，これらの理解にも役立つ内容となっています．

図が多く採用されていて，目で見てわかるようになっている点がとてもよいです．

継続的改善の手順や技法について，簡潔にまとめられていて，大変わかりやすいです．ぜひ読んでいただきたい規格です．

構成は，“箇条 0：序文，箇条 1：適用範囲，箇条 2：引用規格，箇条 3：定義，箇条 4：基本概念，箇条 5：継続的改善の運営管理，箇条 6：継続的改善の手順，箇条 7：継続的改善のための技法”となっています．

【ポイント】

（箇条 6：継続的改善の手順）

手順が八つのステップで示されています．一般的には，問題解決型 QC ストーリーと呼ばれているものです．

ステップ 1：テーマ選定，ステップ 2：現状の把握，ステップ 3：目標の設定，ステップ 4：実施計画の策定，ステップ 5：要因の解析，ステップ 6：対策の検討及び実施，ステップ 7：効果の確認，ステップ 8：標準化及び管理の定着となっています．

どのステップからも始められることが示されています．それぞれのステップで支援となる技法の例が示されています．

例えば，ステップ 5：要因の解析のうち，データ，プロセスの分析においては，FTA（Fault Tree Analysis），層別，グラフ，プロセスマッピング，管理図，ヒストグラムを挙げています．要因に関する仮説検定では，特性要因図，連関図を挙げています．

さらに仮説の検定においては，散布図，相関分析，多変量解析を挙げています．仮説の採用又は棄却においては，検定・推定を挙げています．

このように，全てのステップで利用できる技法の例を挙げています．

(箇条 7：継続的改善のための技法)

QC 七つ道具や新 QC 七つ道具を中心に紹介されています．簡潔ながら作成手順まで示されていますので，組織内の教育にも活用できることでしょう．

取り上げられている技法を列挙します．

数値データに対する技法として，パレート図，グラフ，チェックシート，ヒストグラム，散布図，管理図，マトリックス・データ解析，層別を挙げています．

言語データに対する技法として，特性要因図，連関図，系統図，マトリックス図，親和図，アローダイアグラム，PDPC (Process Decision Program Chart)，プロセスマッピング，ベンチマーキングを挙げています．

短時間で，改善技法を学べる参考書として活用できることでしょう．

§8　JIS Q 9025:2003

JIS 規格番号	JIS Q 9025:2003
JIS 規格名称	マネジメントシステムのパフォーマンス改善―品質機能展開の指針

【概要】

顧客重視の製品開発を効果的かつ効率的に実施するための方法論として，品質機能展開があります．

この規格は，組織のマネジメントシステムにおけるパフォーマンス改善を目指して，品質設計，環境適合設計などの分野に品質機能展開を効果的かつ効率的に実施しようとしている，あらゆる組織に適用することを意図しています．

品質機能展開（Quality Function Deployment：QFD）とは，製品に対する品質目標を実現するために，様々な変換及び展開を用いる方法論と定義されており，QFD と略記することがあります．

図が多く，理解しやすい内容となっており，特に，附属書に示されている品質表などの事例は理解を助けるもので，組織で利用する際の良い参考となるでしょう．

構成は，“箇条 0：序文，箇条 1：適用範囲，箇条 2：引用規格，箇条 3：定義，箇条 4：基本概念，箇条 5：品質表，箇条 6：品質機能展開，箇条 7：適用の手引，箇条 8：組織への導入及び活用，箇条 9：関連手法，附属書 1（参考）：品質機能展開の手順，附属書 2（参考）：要求品質展開表の例，附属書 3（参考）：品質特性展開表の例，附属書 4（参考）：品質表の例，附属書 5（参考）：企画品質設定表の例，附属書 6（参考）：重要度変換の例，附属書 7（参考）：QA 表の例，附属書 8（参考）：QC 工程表の例”となっています．

【ポイント】

（箇条 5：品質表）

品質表とは，要求品質展開表と品質特性展開表とによる二元表のことです．

狙いとなる企画品質を設定して重点を置くべき要求品質（製品の品質に関する要求事項）を定め，これを実現するための結果としての品質特性を明確にし，製品の設計品質を定めることを目的としています．

例えば，ボールペンで「書きやすい」という企画品質に対し，ボールペンの形状，太さ，表面の状態，インクの粘性などの要求品質を対応させようとするものです．

(箇条 6：品質機能展開)

新製品開発では，製品に対する評価を品質，コスト，技術，信頼性などの視点で行い，目標を達成するために，開発プロセスを運営管理する必要があります．

それらの観点から，品質機能展開は，品質展開，技術展開，コスト展開，信頼性展開，業務機能展開で構成されます．附属書 2～附属書 6 ではゲーム機の事例が示されているので，それを見ながら読み進めるとわかりやすいです．

(附属書 2 ～附属書 6)

ゲーム機の品質展開の事例が示されています．イメージが湧くと思います．

(附属書 7，附属書 8)

QA 表と QC 工程表の事例が示されています．

100 円ライターの事例となっていますが，普段 100 円ライターを使うことがない人でも想像はしやすいと思います．

§9　JIS Q 9026:2016

JIS 規格番号	JIS Q 9026:2016
JIS 規格名称	マネジメントシステムのパフォーマンス改善―日常管理の指針

【概要】

事業計画の実現には，日常管理と方針管理のセットで実現することが必要です．この規格は，そのうちの日常管理についての指針となります．

仕事に対するルールや手順を決めたり，プロセスの活動内容を決めたりしても，重要な部分があいまいになっていたり，それに従って仕事が行われなかったりします．このような問題に対応するために考えられた方法が日常管理です．

この規格では，日常管理に必要な事項について，凝縮されたエッセンスが体系的に整理された優れた規格です．管理者研修のテキストに十分なり得ると思います．

構成は，“箇条0：序文，箇条1：適用範囲，箇条2：引用規格，箇条3：用語及び定義，箇条4：日常管理の進め方，箇条5：上位管理者の役割，箇条6：部門別の日常管理，箇条7：日常管理の推進，附属書A（参考）：総合的品質管理における日常管理の役割，附属書B（参考）：日常管理の概念，附属書C（参考）：SDCAサイクル，附属書D（参考）：標準化，附属書E（参考）：管理項目及び管理水準，附属書F（参考）：日常管理のレベル評価基準”となっています．

【ポイント】

（箇条3：用語及び定義）

日常管理について“組織の各部門において，日常的に実施しなければならない分掌業務について，その業務目的を効率的に達成するために必要な全ての活動．”と定義しています．これを見ると，ただ単にルールや手順を守っていればよいというものではないことがわかります．

（箇条4：日常管理の進め方）

ステップごとにわかりやすい説明がされています．そのステップを**図§9.1**に示します．

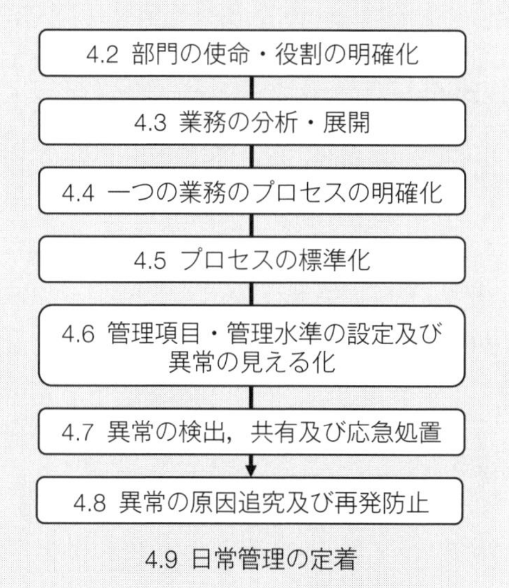

図 §9.1 日常管理の進め方のステップ
（出典：JIS Q 9026:2016，図 1）

（箇条 5：上位管理者の役割）

最近，様々な組織で感じられることは，管理者の業務が忙しすぎて，三現主義がままならないことです．特に現場に出向くことが少なくなっていると思います．

この規格でも，上位管理者は，定期的に又は日頃から自分が統括している下位の部門において，適切に管理されているかどうか，各部門に出向いて自らの目で確かめるとよいとされています．

さらに，管理者が活き活きと元気よく働くことができない職場では，構成員の士気も下がり気味となり，思わぬ不具合が発生する場合があるため，下位の部門の管理者に困り事及び悩み事がないかを絶えず把握し，相談にのって解決していくのがよいとされ，また，職場風土の形成のために，第一線の従業員を直接激励することが望ましいとされています．本当にそう思います．

（箇条 6：部門別の日常管理）

部門として，設計・開発，製造，営業，アフターサービス，管理・間接を挙げ，それぞれに必要な日常管理すべき内容に触れているのは，大変わかりやすいです．

特に設計・開発，営業部門においては，日常管理の観点が希薄になっているケースが多いので，参考になると思います．

(箇条7：日常管理の推進)

日常管理の教育についても具体的な手順が示されています．教育の対象者，主な教育の機会，方針管理の教育内容，方針管理の基礎となるTQMの教育内容が一覧表で整理されていて，わかりやすくなっています．

また，日常管理を推進するための施策として，標準の棚卸し，日常管理の相互研鑽，経営者による現場巡回又は診断を代表として示しています．

(附属書B：日常管理の概念)

日常管理の概念は，シューハート管理図から発展したと説明しています．

日常管理においても，見逃せない原因が発生していることを見極めて，再発防止の処置をとる必要があるということです．

(附属書C：SDCAサイクル)

PDCAはよく見聞きしますが，日常管理では，SDCAサイクルを回します．

SはStandardizeの意味で，「標準化→実施→チェック→処置のサイクル」の意味です．各ステップでの難しさや克服のポイントも示されています．

(附属書E：管理項目及び管理水準)

異常あり，異常なし，不適合あり，不適合なしを4象限で示しています．つまり4パターンあるのですが，それぞれ何を意味しているのかわかる人は，残念ながら少ないです．ぜひ理解していただきたいと思います．

(附属書F：日常管理のレベル評価基準)

この規格の箇条番号（4.2～4.9，5）に合わせて，評価項目と5段階レベルの評価基準が示されています．これを利用して，日常管理のレベルを全組織的に行うと次の改善につながることでしょう．

§10　JIS Q 9027:2018

JIS 規格番号	JIS Q 9027:2018
JIS 規格名称	マネジメントシステムのパフォーマンス改善―プロセス保証の指針

【概要】

品質をプロセスでつくり込むという考え方は，プロセスアプローチそのものであり，JIS Q 9001:2015 の中心軸となっていて，そのための具体的な活動がプロセス保証ということです．

この規格は，このプロセス保証について，組織が何をすべきかの指針をまとめたものです．

構成は，"箇条 0：序文，箇条 1：適用範囲，箇条 2：引用規格，箇条 3：用語及び定義，箇条 4：プロセス保証の進め方，箇条 5：プロセス保証のためのツール，附属書 A（参考）：品質保証におけるプロセス保証の役割，附属書 B（参考）：標準化，附属書 C（参考）：工程能力の調査及び改善，附属書 D（参考）：トラブル予測及び未然防止，附属書 E（参考）：検査・確認，附属書 F（参考）：工程異常への対応"となっています．

【ポイント】

（**箇条 4：プロセス保証の進め方**）

工程能力調査の手順（4.3.2）では，データ数はなるべく多いほうが望ましいとされ，最低でも 50，できれば 100 以上がよいとされていますが，わずかなデータ数で工程能力指数を算出し，評価している例も見かけます．

また，管理図を作成し，プロセスが安定状態にあるかどうかを確認することが望ましいとされ，さらにヒストグラムを描き，分布形に異常があるかどうかを確認することが望ましいとされています．

しかし，実際には，管理図やヒストグラムによる確認をせずに工程能力調査を実施していることを時折見かけますので，注意が必要です．

トラブル予測及び未然防止の手順として，**図 §10.1** のように示されています．実際には，プロセス FMEA（工程 FMEA）を用いるとよいでしょう．

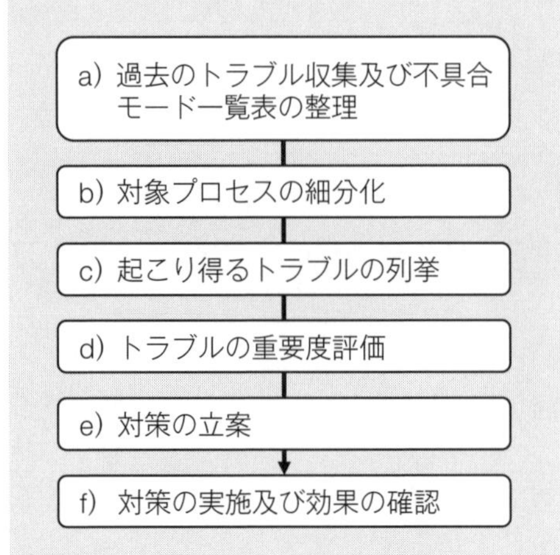

図 §10.1　トラブル予測及び未然防止の手順
（出典：JIS Q 9027:2018，図 6）

（箇条 5：プロセス保証のためのツール）

工程能力指数は，最低でも 50，できれば 100 以上のデータから求めるのが基本ですが，データ収集が困難であったりして，データ数が 10 程度などあまり大きくない場合があります．このようなときは，工程能力指数の信頼区間を求めて，その下限で工程能力を評価するとよいでしょう．

また，プロセス FMEA（工程 FMEA）の作成手順も示されています．工程に潜んでいるリスクを洗い出し，リスクの重要度に応じて対策をとっていくためのツールです．

このプロセス FMEA は有効なツールなのですが，多くの組織では，顧客から求められたために仕方なくつくり，提出したら後は何もしないというのが実情です．それでは，本当にもったいないです．まじめにプロセス FMEA に取り組んでいただきたいと思います．

保証の網（QA ネットワーク）についても示されています．保証の網とは，縦軸に発見すべき不適合（又は不具合），横軸にプロセスをとってマトリックスをつくり，表中の対応するセルに，発生防止及び流出防止の観点からどのような対策がとられているか，それらの有効性を記入するとともに，それぞれの不適合についての重要度，目標とする保証度，及びマトリックスから求めた現在の保証度を示した表です．

保証の網によって，プロセス全体を見渡せるので，系統的な検討が可能となります．また，目で見てわかるため，他の人もレビューがしやすくなります．

この規格を利用して，プロセス保証のレベルを向上させましょう．

§11　JIS Q 19011:2019（ISO 19011:2018）

JIS 規格番号	JIS Q 19011:2019（ISO 19011:2018）
JIS 規格名称	マネジメントシステム監査のための指針

【概要】

この規格は，内部監査や供給者などの外部提供者の監査などを対象として，マネジメントシステム監査のための手引を提供しています．

ISO 9001 認証の審査基準には含まれないので，この規格に従って内部監査をしなければならないということではありません．

しかし，有効な内部監査を実現するためにも，参考となるところは積極的に取り入れていくとよいでしょう．

構成は，“序文，箇条 1：適用範囲，箇条 2：引用規格，箇条 3：用語及び定義，箇条 4：監査の原則，箇条 5：監査プログラムのマネジメント，箇条 6：監査の実施，箇条 7：監査員の力量及び評価，附属書 A（参考）：監査を計画及び実施する監査員に対する追加の手引”となっています．

【ポイント】

（箇条 4：監査の原則）

守るべき七つの原則が示されています．内部監査員においても，これらの原則を理解させ，守らせることが望まれます．

〔**高潔さ**〕：専門家であることの基礎

〔**公正な報告**〕：ありのままに，かつ，正確に報告する義務

〔**専門家としての正当な注意**〕：監査の際の広範な注意及び判断

〔**機密保持**〕：情報のセキュリティ

〔**独立性**〕：監査の公平性及び監査結論の客観性の基礎

〔**証拠に基づくアプローチ**〕：体系的な監査プロセスにおいて，信頼性及び再現性のある監査結論に到達するための合理的な方法

〔**リスクに基づくアプローチ**〕：リスク及び機会を考慮するアプローチ

（箇条 5：監査プログラムのマネジメント）

監査プログラムとは，“特定の目的に向けた，決められた期間内で実行するように計画された一連の監査に関する取決め.”と箇条 3 で定義されています．箇

単に言うと，有効な監査を実施するために前もって決めておくべきことです．

多くの組織では，品質マニュアルや「内部監査規程」などの手順書に監査プログラムを明確にしていることでしょう．

（箇条 6：監査の実施）

「監査の開始 → 監査活動の準備 → 監査活動の実施 → 監査報告書の作成及び配付 → 監査のフォローアップの実施」という流れで，マネジメントシステム監査に必要な要件が示されています．特に監査活動の実施において，情報の収集方法として，インタビュー，観察，文書化した情報のレビューが示されています．

このうちの観察については，不足しがちとなることが多いので，注意が必要です．

（箇条 7：監査員の力量及び評価）

監査員の力量について，望ましい専門家としての行動や必要な知識及び技能について示されています．組織において，内部監査員の力量設定の参考にするとよいでしょう．

§12　JIS Q 31000:2019（ISO 31000:2018）

JIS規格番号	JIS Q 31000:2019（ISO 31000:2018）
JIS規格名称	リスクマネジメント—指針

【概要】

JIS Q 9001:2015では，リスクへの対応を要求していますが，厳密なリスクマネジメントの要求はありません．しかし，有効なリスク対応のためには，リスクマネジメントを取り入れることも考慮するとよいでしょう．

この規格は，リスクマネジメントに対する指針が示されています．

構成は，“序文，箇条1：適用範囲，箇条2：引用規格，箇条3：用語及び定義，箇条4：原則，箇条5：枠組み，箇条6：プロセス”となっています．

【ポイント】

（箇条4：原則）

八つの原則が示されています．簡単に要約すると次になります．

〔**統合**〕：リスクマネジメントは別の活動ではなく，組織の全ての活動と統合していること

〔**体系化及び包括**〕：システマティックに，そして全体で取り組むこと

〔**組織への適合**〕：組織の状況や目的と合っていること

〔**包含**〕：ステークホルダの参画を促進すること

〔**動的**〕：変化や事象にダイナミックに対応すること

〔**利用可能な最善の情報**〕：リスクマネジメントへのインプットは，過去，現在，将来の予測に基づく情報であり，制約や不確かさを考慮すること

〔**人的要因及び文化的要因**〕：人間の行動及び文化はリスクマネジメントに大きな影響を与えるので注意すること

〔**継続的改善**〕：学習及び経験を通じて継続的に改善させること

（箇条5：枠組み）

統合，設計，実施，評価，改善を枠組みとしています．リスクマネジメントを実施するための，組織全体の枠組みについて示されています．リスクマネジメントのための仕組みと理解するとよいでしょう．

（箇条 6：プロセス）

リスクマネジメントの具体的活動に言及しています．リスクアセスメントの細分箇条では，リスク特定，リスク分析，リスク評価について手引が示されています．

索　引

こ

さ

し

せ

そ

た

て

と

な

に

は

ひ

著者略歴

小林　久貴（こばやし　ひさたか）

1962年　愛知県生まれ
1986年　名古屋工業大学生産機械工学科卒業後，メーカー勤務
1996年　小林経営研究所設立 コンサルタント業務開始
現　在　株式会社小林経営研究所 代表取締役
　http://www.kobayashi-keiei.com
一般社団法人品質マネジメント研修センター 代表理事
　http://www.qmtec.or.jp
QMS診断士，中小企業診断士，品質マネジメントシステム主任審査員，環境マネジメントシステム主任審査員，米国品質協会認定品質技術者，QC検定過去問題解説委員会委員
専　門　経営システム改善の支援（プロセスの目・リスクの目®），業務改善・現場改善の支援（TK活動®），仕事力強化のための人材育成（5ミル®），品質コンプライアンス対応，ISO自己適合宣言証明
著　書　『理工系学生／技術系新入社員のための品質マネジメントシステム入門』（三恵社，2006）
『小さくても強い会社になるための“できる人”を育てるチーム改善のすすめ』（日本規格協会，2007）
『絶対に負けない・つぶれない経営戦略“ゴーイングコンサーン”』（日本地域社会研究所，2011）
『人生を豊かにする仕事力強化法“5ミルのすすめ”』（日本規格協会，2013）
『ISO 9001:2015 プロセスアプローチの教本―実践と監査へのステップ10』（日本規格協会，2016）
『［2015年改訂対応］やさしいISO 9001（JIS Q 9001）品質マネジメントシステム入門［改訂版］』（日本規格協会，2019）
『基本がわかる／実践できる【図解】品質コンプライアンスのすべて』（日本能率協会マネジメントセンター，2019）
『過去問題で学ぶQC検定』（共著，日本規格協会，1級～3級毎年発行）
など 著書多数

徹底排除！　組織に潜む弱点・欠点・形骸化
診断事例で学ぶ経営に役立つ QMS のつくり方

定価：本体 2,500 円(税別)

2020 年 10 月 8 日　第 1 版第 1 刷発行

著　者　小林　久貴
発 行 者　揖斐　敏夫
発 行 所　一般財団法人　日本規格協会

〒 108-0073　東京都港区三田 3 丁目 13-12　三田 MT ビル
https://www.jsa.or.jp/
振替　00160-2-195146

製　作　日本規格協会ソリューションズ株式会社
印 刷 所　日本ハイコム株式会社
製作協力　有限会社カイ編集舎

ISBN978-4-542-30687-5

● 当会発行図書，海外規格のお求めは，下記をご利用ください．
JSA Webdesk(オンライン注文)：https://webdesk.jsa.or.jp/
通信販売：電話 (03)4231-8550　FAX (03)4231-8665
書店販売：電話 (03)4231-8553　FAX (03)4231-8667

図書のご案内

［2015 年改訂対応］

やさしい ISO 9001（JIS Q 9001）品質マネジメントシステム入門［改訂版］

小林久貴　著

A5 判・180 ページ　定価：本体 1,600 円（税別）

【主要目次】

第 1 章　ISO 9001 を学ぶ前に
第 2 章　ISO 9001 って何？
第 3 章　ISO 9001 を理解するための Q&A
第 4 章　ISO 9001 が意図することは？
第 5 章　内部監査と認証制度
第 6 章　品質マネジメントシステム構築と改善のポイント
第 7 章　ISO 9001 の活用に成功した組織

2015 年改訂対応

小規模事業者のための ISO 9001 何をなすべきか ISO/TC 176 からの助言

ISO　編著／中條武志・須田晋介　監訳

A5 判・204 ページ　定価：本体 5,000 円（税別）

【主要目次】

まえがき
序　文
1. 適用範囲
2. 引用規格
3. 用語及び定義
4. 組織の状況
5. リーダーシップ

6. 計　画
7. 支　援
8. 運　用
9. パフォーマンス評価
10. 改　善
ISO 9001 の附属書及び参考文献

日本規格協会　https://webdesk.jsa.or.jp/